家禽生态养殖与疫病诊断防治彩色图谱

邹春丽　王　君　龙　艳　主编

中国农业科学技术出版社

图书在版编目（CIP）数据

家禽生态养殖与疫病诊断防治彩色图谱 / 邹春丽，王君，龙艳主编 .—北京：中国农业科学技术出版社，2020. 1（2024.12重印）

ISBN 978-7-5116-4575-3

Ⅰ. ①家…　Ⅱ. ①邹…②王…③龙…　Ⅲ. ①家禽-饲养管理-图谱②禽病-诊断-图谱③禽病-防治-图谱　Ⅳ. ①S83-64②S858. 3-64

中国版本图书馆 CIP 数据核字（2019）第 293115 号

责任编辑　闫庆健　王思文

责任校对　马广洋

出 版 者　中国农业科学技术出版社

北京市中关村南大街 12 号　邮编：100081

电　　话　(010)82109705(编辑室)　(010)82109702(发行部)

(010)82109709(读者服务部)

传　　真　(010)82106625

网　　址　http://www.castp.cn

经 销 者　各地新华书店

印 刷 者　北京建宏印刷有限公司

开　　本　880mm×1 230mm　1/32

印　　张　4

字　　数　120 千字

版　　次　2020 年 1 月第 1 版　2024 年 12 月第 3 次印刷

定　　价　32. 80 元

《家禽生态养殖与疫病诊断防治彩色图谱》

编 委 会

主　编　邹春丽　王　君　龙　艳

副主编　刘星智　史晔华　王兴华

冯君龙　葛洪光

前　言

家禽养殖业是我国畜牧业的支柱产业，也是规模化集约化程度最高、与国际先进水平最接近的产业。我国家禽饲养种类多，数量大。近些年来，我国家禽养殖业得到快速发展，综合生产能力显著增强，已成为农民增收的重要来源，禽类产品也成为最受消费者欢迎的蛋白类产品之一。

本书全面、系统地介绍了家禽生态养殖与疫病诊断防治的知识，内容包括：鸡的生态养殖、鸭的生态养殖、鹅的生态养殖、家禽疾病诊断及防控技术等。

由于编者水平所限，书中难免存在不当之处，恳切希望广大读者和同行不吝指正。

编　者

2020 年 1 月

目　　录

第一章　鸡的生态养殖

第一节　鸡的常见品种

一、蛋用型

（一）仙居鸡

仙居鸡（图 1-1）原产浙江仙居、临海等地，是中国优良蛋用鸡品种。

仙居鸡体型虽小，但很结实。单冠，颈部细长，背部平直，尾羽高翘，羽毛紧密。公鸡羽毛黄色或红色，母鸡羽毛多为黄色，少有黑色或花色。成年公鸡平均体重为 1 500克，成年母鸡平均体重为 1 000克。年产蛋量为 188～211 枚，蛋壳黄棕色，每个蛋重 41～46 克。仙居鸡性情活泼，觅食能力极强。2006 年 12 月，国家质检总局批准对仙居鸡实施地理标志产品保护。

（二）济宁百日鸡

济宁百日鸡（图 1-2）原产于山东济宁市，属蛋用型品种。

济宁百日鸡体型小而紧凑。母鸡有麻、黄、花等羽色，以麻鸡为多。公鸡羽色较为单纯，红羽公鸡约占 80%，次之为黄羽公鸡，杂色公鸡甚少。单冠，公鸡冠高直立，冠、脸、肉垂鲜红色。脚主要有铁青色和灰色两种，皮肤多为白色。成年公鸡平均体重为 1 320 克，成年母鸡平均体重为 1 230克。开产日龄 146 天，少数个体 100 天就开产，称为“百天鸡”。年产蛋 130～150 枚，部分产蛋达 200 枚以上。平均蛋重为 42 克，蛋壳为粉红色。

图 1–1　仙居鸡

图 1–2　济宁百日鸡

（三）白耳黄鸡

白耳黄鸡原产于江西省广丰县，属蛋用型地方鸡种。

白耳黄鸡体型较小、匀称。典型特征为“三黄一白”，即黄羽、黄喙、黄脚、白耳。平均 152 日龄开产，300 日龄平均产蛋数 117 枚，500 日龄平均产蛋数 197 枚。300 日龄平均蛋重 54 克。母鸡就巢性弱，就巢率约 15. 4%，就巢时间短，长的 20 天、短的7~8 天。

二、肉用型

（一）河田鸡

河田鸡（图 1–3）产于福建省长汀、上杭两县，属于肉用型品种。

图 1–3　河田鸡

河田鸡体近方形，有“大架子”（大型）与“小架子”（小型）之分。成年鸡外貌较一致，单冠直立，冠叶后部分裂成叉状冠尾。成年公鸡平均体重为1 725克，成年母鸡平均体重为1 207克。开产日龄 180 天左右，年产蛋 100 枚左右，平均蛋重为 42. 89 克，蛋壳以浅褐色为主，少数灰白色，蛋形指数 1. 38。

（二）溧阳鸡

溧阳鸡（图 1–4）是江苏省西南丘陵山区的著名鸡种，当地亦以“三黄鸡”或“九斤黄”称之，属肉用型品种。

图 1–4　溧阳鸡

溧阳鸡体型较大，体躯呈方形，羽毛以及喙和脚多呈黄色。但麻黄、麻栗色者亦甚多。公鸡单冠直立，冠齿一般为 5 个，齿刻深。母鸡单冠有直立与倒冠之分，虹彩呈橘红色。成年公鸡平均体重为 3 850克，成年母鸡平均体重为 2 600克。开产日龄为 204～282 天，500 日龄产蛋为 120～170 枚，蛋重为 52.3～62.1 克，蛋壳褐色。

（三）惠阳胡须鸡

惠阳胡须鸡（图 1-5）原产地为广东东江和西枝江中下游沿岸的惠阳、博罗、紫金、龙门和惠东等县，属中型肉用品种。

图 1-5　惠阳胡须鸡

惠阳胡须鸡体型中等，胸深背宽，胸肌发达，后躯丰满。单冠直立呈红色。成年公鸡平均体重为 2 228克，成年母鸡平均体重为 1 601克。开产日龄为 115～200 天，年平均产蛋 98～112 枚，平均蛋重为 45.8 克，壳厚 0.3 毫米，蛋形指数 1.3，蛋壳呈浅褐色。

（四）桃源鸡

桃源鸡（图 1-6）俗称桃源大种鸡，原产地为湖南省桃源县，属肉用型地方品种。

桃源鸡体型高大，体质结实，胸较宽，背稍长。成年公鸡平均体重为 3 342克，成年母鸡平均体重为 2 940克。开产日龄平均为 195 天，500 日龄平均产蛋 86 枚，平均蛋重为 53.39 克，蛋壳浅褐色，蛋形指数 1.32。

图 1-6　桃源鸡

三、蛋肉兼用型

（一）边鸡（右玉鸡）

边鸡（图 1-7）是一个蛋重大、肉质好、适应性强、耐粗饲抗

图 1-7　边鸡

寒冷的优良地方鸡种，产于内蒙古自治区与山西省北部相毗连的长城内外一带，因当地人民视长城为“边墙”，所以称这一鸡种为边鸡（在山西省也称为右玉鸡），属肉蛋兼用型地方品种。

边鸡体型中等，身躯宽深，体躯呈元宝形。成年公鸡平均体重为1 825克，成年母鸡平均体重为1 505克。平均开产日龄 240 天，平均年产蛋 101 枚，平均蛋重 63 克，高者达 96~104 克。平均蛋壳厚度 0. 39 毫米。蛋壳多为深褐色，少数褐色或浅褐色。公母鸡配种比例 1：（10~15）。

（二）北京油鸡（宫廷黄鸡）

北京油鸡（图 1-8）原产于北京城北侧安定门和德胜门的近郊一带，海淀、清河等也有一定数量的分布，属蛋肉兼用型地方品种。

图 1-8　北京油鸡

北京油鸡因具有外观奇特、肉质优良、肉味浓郁的特点，故又称宫廷黄鸡。北京油鸡具有抗病力强，成活率高，易于饲养的特点，是目前土蛋鸡养殖的更新换代品种，养殖开发潜力巨大。现为国家级重点保护品种和特供产品，北京市特色农产品开发的重点。

北京油鸡体躯中等，羽色分赤褐色和黄色，其中羽毛呈赤褐色（俗称紫红毛）的鸡，体型较小；羽毛呈黄色（俗称素黄毛）的鸡，体型略大。成年公鸡平均体重为2 049克，成年母鸡平均体重为1 730克。平均开产日龄 210 天，平均年产蛋 110 枚，平均蛋重 56 克。蛋壳为褐色、淡紫色。

（三）固始鸡

固始鸡（图 1-9）属蛋肉兼用型地方鸡种，具有耐粗饲、抗逆性强、肉质细嫩等优点。自然放养的固始鸡自由觅食，食青草、小虫，具有产蛋多、蛋大壳厚、耐贮运、蛋清稠、蛋黄色深、营养丰富、风味独特、遗传性能稳定等特点，为我国宝贵的家禽品种资源之一。

固始鸡个体中等，外观清秀灵活，体型细致紧凑，结构匀称，羽毛丰满，尾型独特。性情活泼，敏捷善动，觅食能力强。

图 1-9　固始鸡

成年公鸡平均体重为2 470克，成年母鸡平均体重为1 780克。固始鸡母鸡性成熟较晚，开产日龄平均为 205 天，最早的个体为 158 天，开产时母鸡平均体重为1 299.7克。年平均产蛋量为 141.1 枚，产蛋主要集中于 3—6 月，平均蛋重为 51.4 克，蛋壳褐色，蛋壳厚为 0.35 毫米，蛋黄呈深黄色。

固始鸡有一定的抱窝性。自然条件下抱窝性者占总数 20.1%；舍饲条件下，抱窝性占 10%。

（四）茶花鸡

茶花鸡（图 1-10）因雄鸡啼声似“茶花两朵”，故名茶花鸡，傣族居民称之为“盖则傣”，直译为傣族鸡种，属兼用型地方品种。

图 1-10　茶花鸡

茶花鸡体型较小，近似船形，性情活泼，好斗性强。成年公鸡平均体重为1 190克，成年母鸡平均体重为1 000克。茶花鸡开产日龄140~160天，年产蛋数70~130枚，平均开产蛋重26.5克，平均蛋重37~41克，种蛋受精率84%~88%，受精蛋孵化率84%~92%，就巢性强，每次就巢20天左右，就巢率60%。

(五) 寿光鸡

寿光鸡（图1-11）又称慈伦鸡，原产地为山东省寿光市稻田镇一带，属兼用型地方品种。

图1-11　寿光鸡

寿光鸡体型高大，骨骼粗壮，胸部发达，背宽、平直，腿高而粗，脚趾大而坚实。全身羽毛纯黑，无杂毛，颈、背、前胸、鞍、腰、肩、翼羽、镰羽等部位呈深黑色并有绿色光泽。

大型公鸡平均体重为3 800克，母鸡平均体重为3 100克，蛋重70~75克。中型公鸡平均体重为3 600克，母鸡平均体重为2 500克，蛋重65~70克。蛋壳较厚而红艳，便于运输。蛋质浓稠，蛋黄色深，特别是蛋清浓稠这一点，在国际市场上一直被认为是一个突出优点。鸡的屠宰率也比较高，肌肉丰满，皮薄肉嫩，味道鲜美。

(六) 萧山鸡

萧山鸡（图1-12），又名“越鸡”“沙地大种鸡”。原产于浙江省杭州市萧山区，分布于杭嘉湖及绍兴地区，属肉蛋兼用型品种。

图 1-12　萧山鸡

萧山鸡体型较大，外形方而浑圆，体态匀称，骨骼较细，羽毛紧密。成年公鸡平均体重为2 759克，成年母鸡平均体重为1 940克。母鸡平均开产日龄 185 天。平均年产蛋 141 枚，平均蛋重 58 克。平均蛋壳厚度 0. 31 毫米，平均蛋形指数 1. 39。公鸡性成熟期 178 天。

四、药肉兼用型

（一）金阳丝毛鸡

金阳丝毛鸡主产于四川凉山彝族自治州，与产于中国江西、福建和广东的丝毛鸡在体形外貌、生产性能和遗传性等方面均有显著的区别。

金阳丝毛鸡全身羽毛呈丝状，头、颈、肩、背、鞍、尾等处的丝状羽毛柔软，但主翼羽、副翼羽和主尾羽有部分不完整的片羽。由于其全身羽毛呈丝状，似松针或羊毛，故当地群众称其为“松毛鸡”或“羊毛鸡”。

金阳丝毛鸡体格较小，但屠体丰满，早熟易肥。在中等营养水平条件下，据测定，一周岁公鸡全净膛屠宰率为 80. 1%。500 天产蛋量 57. 11 枚，平均蛋重 52. 4 克，大小均匀，蛋壳呈浅褐色，平均厚度为 0. 31 毫米。

金阳丝毛鸡性成熟较早，公鸡开啼日龄为 120 天左右，母鸡开产日龄为 160 天左右。金阳丝毛鸡抱窝性强，在不采取任何醒抱措施的情况下，持续期长，一般一个多月，长者可达 2 个月之久。每产 10~15 枚蛋抱窝 1 次。

（二）乌蒙乌骨鸡

乌蒙乌骨鸡（图 1-13）主产于云贵高原黔西北部乌蒙山区的毕节市、织金、纳雍、大方、水城等地，是贵州省的药肉兼用型鸡种。

图 1-13　乌蒙乌骨鸡

乌蒙乌骨鸡公鸡体大雄壮，母鸡稍小紧凑。成年公鸡平均体重为1 870克，母鸡平均体重为1 510克。母鸡平均开产日龄 161 天。平均年产蛋 115 枚，平均蛋重 42.5 克，蛋壳浅褐色。母鸡抱窝性强，每年 4~5 次，平均就巢持续期 18 天。

第二节　放养场地的选择与建设

一、放养场地的选择

（一）选址原则

1. 有利于防疫

养鸡场地不宜选择在人口密集的居民住宅区或工厂集中地，不宜选择在交通来往频繁的地方，不宜选择在畜禽贸易场所附近；宜选择在较偏远而车辆又能达到的地方。

2. 放养场地内要有遮阳

场地内宜有翠竹、绿树遮阳及草地，以利于鸡只活动。

3. 场地要有水源和电源

鸡场需要用水和用电，故必须要有水源和电源。水源最好为自来水，如无自来水，则要选在地下水资源丰富、适合于打井的地方，而且水质要符合卫生要求。

4. 场地范围内要封闭

场地内要独立自成封闭体系（用竹子或用砖砌围墙围住），以防止外人随便进入，防止外界畜禽、野兽轻易进入。

5. 有丰富的可食饲料资源

放养场地丰富的饲料资源如昆虫、野草、牧草、野菜等，可保证鸡自然饲料不断。如果场地牧草不多或不够丰富，可以进行人工种植或从别处收割来，给鸡补饲。

（二）自然环境

1. 草场、荒坡林地及丘陵山地

草场、荒坡林地及荒山地中牧草和动物蛋白质饲料资源丰富，场所宽敞，空气新鲜，环境幽雅，适宜散养鸡。

2. 果园

果树的害虫和农作物、林木、蔬菜害虫一样，大多属于昆虫的一部分，一生要经过卵、幼虫、蛹、成虫 4 个虫期的变化，如各种食心虫、天牛、吉丁虫、形毛虫、星毛虫等。过去多采用喷药、刮老皮、剪虫枝、拾落果、捕杀、涂白等烦琐的方法防治。

果园放养鸡（图 1-14）可捕食这些害虫。

3. 冬闲田

选择远离村庄、交通便利、排水性能良好的冬闲田，利用木桩做支撑架，搭成 2 米高的“人”字形屋架，周围用塑料布包裹，屋顶加油毡，地面铺上稻草，也可以放养鸡（图 1-15）。

图 1-14　果园放养鸡

图 1-15　冬闲田放养鸡

二、搭建围网

为了预防兽害和鸡只走失，划区轮牧、预防农药中毒，放养区周围或轮牧区间应设置围栏护网，尤其是果园、农田、林地等分属于不同农户管理的放养地。

放养区围网可用 1.5～2 米高的铁丝网或尼龙网，每隔 8～10 米设置一根垂直稳固于地基的木桩、水泥桩或金属管立柱。

三、建造鸡舍或简易“避难所”

鸡舍可以为放养鸡提供安全的休息场地，驯化好的放养鸡傍晚会自动回到鸡舍采食补料，夜晚进舍休息，方便捕捉及预防注射。因此，必须根据不同阶段鸡的生活习性，搭建合适的简易型鸡舍或简易“避难所”。

（一）简易型棚舍

简易型鸡舍（图 1–16）要求能挡风，不漏雨，不积水即可。材料、形式和规格因地制宜，不拘一格，但需避风、向阳、防水、地势较高。

图 1–16　简易型棚舍

（二）普通型鸡舍

普通鸡舍要求防暑保温，背风向阳，光照充足，布列均匀，便于卫生防疫，内设栖息架，舍内及周围放置足够的喂料和饮水设备，使用料槽和水槽时，每只鸡的料位为 10 厘米，水位为 5 厘米；也可按照每 30 只鸡配置 1 个直径 30 厘米的料桶，每 50 只鸡配置 1 个直径 20 厘米的饮水器。

放牧场地可设沙坑（图 1–17），方便鸡洗沙浴。

（三）塑料大棚鸡舍

塑料大棚鸡舍（图 1–18）就是用塑料薄膜把鸡舍的露天部分罩

图 1-17　鸡放牧场内设置的沙坑

上。这种鸡舍能人为创造适应鸡生长的小气候，减少鸡舍不必要的热能消耗，降低鸡舍的维持需要，从而使更多的养分供给鸡的生产需要。

图 1-18　塑料大棚鸡舍

(四) 封闭式鸡舍

封闭式鸡舍一般是用隔热性能好的材料构造房顶与四壁，不设窗户。只有带拐弯的进气孔和出气孔，舍内小气候通过各种调节设备控制。在快长型大肉食鸡饲养中应用较多。

(五) 开放式网上平养无过道鸡舍

这种鸡舍适用于鸡育雏。鸡舍的跨度 6～8 米，南北墙设窗户。南窗高 1.5 米，宽 1.6 米；北窗高 1.5 米，宽 1 米。舍内用金属铁丝隔离成小自然间。在离地面 70 厘米高处架设网片。

（六）利用旧场地改造的鸡舍

利用农舍、库房等其他场地改建鸡舍，达到综合利用，可以降低成本。

第三节　蛋鸡的饲养管理

一、雏鸡的饲养管理

（一）育雏准备

1. 制订育雏计划，选择育雏季节

（1）制订育雏计划。育雏前必须有完整周密的育雏计划。育雏计划应包括饲养的品种、育雏数量、进雏日期、饲料准备、免疫及预防投药等内容。育雏数量应按实际需要与育雏舍容量、设备条件进行计算。进雏太多，饲养密度过大，影响鸡群发育。一般情况下，新母雏的需要量加上育雏育成期的死亡淘汰数，即为进雏数。同时，进雏前还应确定育雏人员，育雏人员必须能吃苦耐劳，责任心强，最好有一定的育雏经验。

（2）育雏季节的选择。在密闭式鸡舍内育雏，由于为雏鸡创造了必要的环境条件，受季节影响小，可实行全年育雏。但开放式鸡舍因不能完全控制环境条件，受季节影响较大，应选择育雏季节。

春季气候干燥，阳光充足，温度适宜，雏鸡生长发育好，并可当年开产，产蛋量高，产蛋时间长；夏季高温高湿，雏鸡易患病，成活率低；秋季育雏，气候适宜，成活率较高，但育成后期因光照时间长，会造成母鸡过早开产，影响产蛋量；冬季气温低，特别是北方地区育雏需要供暖，成本高，且舍内外温差大，雏鸡成活率受影响。可见，育雏最好避开夏冬季节，选择春秋两季育雏效果最好。也要参考市场行情和周转计划选择育雏季节。

2. 育雏方式的选择

（1）地面育雏。要求舍内为水泥地面，便于冲洗消毒。育雏前对育雏舍进行彻底消毒，再铺 20~25 厘米厚的垫料，垫料可以是锯末、麦草、谷壳、稻草等，应因地制宜，但要求干燥、卫生、柔软（图 1-19）。

图 1-19　地面平养育雏

地面育雏成本较低，但房舍利用率低，雏鸡经常与粪便接触，易发生疾病。

（2）网上育雏。就是用网面来代替地面的育雏方式。网面的材料有铁丝网、塑料网，也可用木板条或竹竿，但以铁丝网最好。网孔的大小应以饲养育成鸡为适宜，不能太小，否则，粪便下漏不畅。饲养初生雏时，在网面上铺一层小孔塑料网，待雏鸡日龄增大时，撤掉塑料网。一般网面距地面的高度应随房舍高度而定，多以 60~100 厘米为宜，北方寒冷地区冬季可适当增加高度。网上育雏最大的优点是解决了粪便与鸡直接接触的问题（图 1-20）。

由于网上饲养鸡体不能接触土壤，所以提供给鸡的营养要全面，特别要注意微量元素的补充。

（3）立体育雏。这是大中型饲养场常采用的一种育雏方式。立体笼一般分为 3~4 层，每层之间有盛粪板，四周外侧挂有料槽和水槽。立体育雏具有热源集中、容易保温、雏鸡成活率高、管理方便、单位面积饲养量大的优点。但笼架投资较大，且上下层温差大，鸡群发育不整齐。为了解决这一问题，可采取小日龄在上面 2~3 层集中饲养，待鸡稍大后，逐渐移到其他层饲养（图 1-21）。

图 1-20　网上平养育雏

图 1-21　立体笼养育雏

3. 育雏舍的准备

（1）房舍准备。育雏舍应做到保温良好，不透风，不漏雨，不潮湿，无鼠害。通风设备运转良好，所有通风口设置防兽害的铁网。舍内照明分布要合理，上下水正常，不能有堵漏现象。供温系统要正常，平养时要备好垫料。

（2）育雏舍的清洁消毒。消毒前要彻底清扫地面、墙壁和天花板，然后洗刷地面、鸡笼和用具等。待晾干后，用2%的火碱喷洒。最后用高锰酸钾和福尔马林熏蒸，剂量为每立方米空间福尔马林40毫升，高锰酸钾20克。熏蒸前关闭门窗，熏蒸24小时以上。

4. 器具的准备

除育雏设备外，主要的育雏用具有食具和饮具。要求数量充足，保证使每只鸡都能同时进食和饮水；大小要适当，可根据日龄的大小及时更换，使之与鸡的大小相匹配；结构要合理，以减少饲料浪费，避免饲料和饮水被粪便和垫草污染。

（1）料槽。在最初几天，可自制简易喂料盘，也可用蛋托代替料盘，以后逐渐改为饲槽或料桶。

（2）饮水器。一般育雏主要使用槽式或塔式真空饮水器。

①槽式饮水器所用材料主要为硬塑料，槽切面成“V”形或“U”形。大小可随鸡的日龄不同而变化。每只鸡应占有水槽位置为2~2.5厘米，幼雏用槽高3~4厘米，槽口宽4~5厘米。②塔式真空饮水器多采用塑料制成，结构简单，笼养第1周和平养使用较多。倒扣式真空饮水器由贮水器和盛水盘两部分组成，盛水器顶端为圆锥形，以防雏鸡飞落，下部有一直径约为2厘米的出水孔。使用时，将贮水器装满水，再将盛水盘翻转对准盖好，倒扣过来，水从出水孔流入水盘。

5. 饲料药品的准备

育雏前要按雏鸡日粮配方准备足够的饲料，特别是各种添加剂、矿物质、维生素和动物蛋白质饲料。常用的药品，如消毒药、抗生素等也须适当准备一些。

6. 育雏舍预温

育雏舍在进雏前1~2天应进行预温，预温的主要目的是使进雏时的温度相对稳定，同时也检验供温设施是否完整，这在冬季育雏时特别重要。预温也能够使舍内残留的福尔马林逸出。

（二）雏鸡的挑选与运输

1. 挑选

选择高质量的雏鸡是取得较高育雏成绩的基础。将残、次、弱雏淘汰，对提高整体鸡群的抗病力有利。按雏鸡的大小、强弱实行分群饲养，可提高整体的均匀度。雏鸡的选择一般是凭经验进行的。首先，仔细观察雏鸡的精神状态，健康雏鸡活泼好动，绒毛长短适中，羽毛清洁干净（图 1–22），眼大而有神（图 1–23），腹部松软，卵黄收口良好，泄殖腔干净，腿脚无畸形，站立行走正常。而残次雏缩头缩脑，羽毛凌乱不堪，泄殖腔处糊有粪便，卵黄吸收不全，站立行走困难。健壮雏叫声清脆响亮，弱雏有气无力、嘶哑微弱。其次，用手触摸时，健雏握在手中有弹性，努力挣扎，鸡爪及身体有温暖感，腹部柔软。弱雏则手感发凉，轻飘无力，腹大。最后，选择雏鸡时，还应当事先了解种鸡群的健康状况，雏鸡的出壳时间和整批雏鸡的孵化率。一般来讲，来源于高产健康种鸡群的种蛋，在正常时间出壳，且孵化率高，则健雏率高，而来源于患病鸡群的种蛋，出壳过早或过晚，则健雏率低。

图 1–22　健康雏鸡绒毛干燥有光泽

2. 运输

雏鸡的运输是一项重要工作，稍有不慎就可能对生产造成巨大损失，有些雏鸡本来很强壮，运输中管理不当，就会变成弱雏，严

图 1-23 健康的雏鸡两眼炯炯有神

重时，会造成雏鸡大量死亡。所以，雏鸡运输中要管理得当。

运输工具应根据具体情况，选择空运、火车运输、汽车运输、船舶运输等。运输雏鸡的用具最好使用一次性专用运输盒。近距离运输也可使用塑料周转箱，但每次使用后都要认真清洗消毒。雏盒周围打适当数量的透气孔，内部最好隔成四部分，每个部分装鸡 20~30 只，每盒可装鸡 80~120 只。这种结构可防止在低温时，由于雏鸡拥挤成堆而压伤压死。雏盒底部最好铺吸水强的垫纸，一方面具有防滑作用，可使雏鸡在盒内站立稳当，同时又可吸收雏鸡排泄物中的水分，保持干燥清洁。在运输时，雏鸡盒要摆放平稳，重叠不宜过高，以免太重而相互挤压，使雏鸡受损（图 1-24）。运输中要定时观察雏鸡情况，当发现雏鸡张嘴喘息绒毛湿时，温度可能太高，应及时倒换雏盒的上下、左右、前后位置，通风散热。最适宜运输雏鸡的温度为 22~24℃。当运输距离远、时间长时，应在车内洒水，一方面利于蒸发散热，另一方面由于雏鸡出壳后体内水分消耗较大，48 小时可消耗 15%，通过洒水，避免雏鸡因脱水而影响成活率。

不同季节运输有不同要求。夏季运输比冬季运输更容易发生问题，主要是过热闷死雏鸡，空调车内因氧气不足而造成雏鸡死亡的也事屡见不鲜。所以，最好避开高温时间，早晚运输较好。冬季尽管气温低，但只要避免冷风直吹，适当保温，是比较安全的，保温用具可用棉被、棉毯、床单。汽车运输时，车厢内底部最好铺一层

图 1-24　将运雏箱装入车中，箱间要留有间隙，码放整齐，防止运雏箱滑动

毡，效果会更好。当雏鸡发出刺耳叫声时，应及时检查，不是过冷，就是太热，或夹挤受伤，应马上采取相应措施。冬季运输还应特别注意防止贼风侵袭。

雏鸡运到鸡舍后，休息片刻，即可按合理的密度放入舍内饲养。

（三）育雏技术

1. 开食与初饮

（1）饮水。先饮水后开食是育雏的基本原则之一。一定要在雏鸡充分饮水 1~2 小时后再开食，因为雏鸡出壳后体内还有一部分卵黄没有被充分吸收，对雏鸡的生长还有作用，及时饮水有利于卵黄的吸收和胎粪的排出。另外在运输过程和育雏室的高温环境中，雏鸡体内的水代谢和呼吸的散发都需要大量水分，饮水有助于体力的恢复。因此，育雏时必须重视初饮，确保每只鸡都能喝上水。

雏鸡初次饮水的水温很重要，绝对不能直接饮用凉水，否则极易造成腹泻，在育雏第一周最好饮用温开水。饮水时，可在水中适当添加一些维生素、葡萄糖，以促进和保证鸡的健康生长。特别是经过长途运输的雏鸡，饮水中添加葡萄糖和维生素 C 可明显提高成活率。另外，在水中添加抗生素可预防白痢等病的发生。

在育雏初期，特别是前 3 天，为使雏鸡充分饮水，应有足够的光照。由于鸡体所有的代谢离不开水，例如，体温调节离不开水，维持体液的酸碱平衡和渗透压也离不开水，因此断水会使雏鸡干渴、抢水而发生挤压，造成损伤。所以在整个育雏期内，要保证全天供水。

为使所有的雏鸡都能尽早饮水，应进行诱导。用手轻轻握住雏鸡身体，用食指轻按头部，使喙进入水中，稍停片刻，松开食指，雏鸡仰头将水咽下，经过个别诱导，雏鸡很快相互模仿，普遍饮水。随着雏鸡日龄的增加，要更换饮水器（图 1–25）的大小和型号。数量上必须满足雏鸡的需要，使用水槽时，每只雏鸡要有 2 厘米的槽位，小型饮水器应保证 50 只雏鸡一个，且要定期进行清洗和消毒。

图 1–25　饮水器

（2）开食

①开食时间：雏鸡的第一次喂饲称开食。开食要适时，过早开食雏鸡无食欲，过晚开食雏鸡因得不到营养而消耗自身的营养物质，从而消耗体力，使其变得虚弱，影响以后的生长发育和成活。一般来讲，在出壳后 24~36 小时内开食，对雏鸡的生长是有利的，实际饲养中，在饮水 2 小时后即可开食。

②开食料：雏鸡的开食料必须科学配制，营养含量要能完全满

足雏鸡的生长发育需要。没有必要添加蛋白质营养。但有时为防止育雏初期的营养性腹泻（糊肛），在开食时，每只雏鸡可喂 1~2 克小米或碎玉米，也可添加少量酵母粉以帮助消化。

③饲喂：对雏鸡饲喂可直接喂干料，将干料撒在开食盘或雏鸡食槽内，任其采食。但干料的适口性差，最好将料拌湿，以抓到手中成团，放在地上撒成粉为宜，可增加适口性。

开食时，大部分雏鸡都能吃到料，但总有部分雏鸡由于受到应激过重等因素的影响，不愿采食，这时应采取人工诱食措施。喂料时，应做到少喂勤喂，促进鸡的食欲，第 1~2 周每天喂 5~6 次，第 3~4 周每天喂 4~5 次，5 周以后每天喂 3~4 次。

④喂量：雏鸡每天的饲喂量不同品种有不同要求，并且饲喂量也与饲料的营养水平有关，应根据鸡品种的体重要求和鸡群的实际体重来调整饲喂量。

⑤食具：初期使用开食盘（图 1–26）或蛋托，随着雏鸡日龄的增加，鸡的活动范围也在增大，在 7~10 日龄后，可以逐步过渡到正规食具（料桶或料槽等）。要保证足够的槽位，同时要保持料槽（桶）的卫生，及时清理混入料中的粪便和垫料，以免影响雏鸡的采食和健康。逐步提高采食面的高度使之与鸡背高度相仿，以免挑食和刨食，从而减少饲料浪费。

图 1–26　食具

2. 日常管理

育雏是一项细致的工作，要养好雏鸡应做到眼勤、手勤、腿勤、科学思考。

（1）观察鸡群状况。要养好雏鸡，学会善于观察鸡群至关重要，通过观察雏鸡的采食、饮水、运动、睡眠及排便等情况，及时了解饲料搭配是否合理，雏鸡健康状况如何，温度是否适宜等。

观察采食、饮水情况主要在早晚进行，健康鸡食欲旺盛，晚上检查时嗉囊饱满，早晨喂料前嗉囊空，饮水量正常。如果发现雏鸡食欲下降，剩料较多，饮水量增加，则可能是舍内温度过高，要及时调温，如无其他原因，应考虑是否患病。

观察粪便要在早晨进行。若粪便稀，可能是饮水过多、消化不良或受凉所致，应检查舍内温度和饲料状况；若排出红色或带肉质黏膜的粪便，是球虫病的症状；若排出白色稀粪，且黏于泄殖腔周围，一般是白痢。

（2）定期称重。为了掌握雏鸡的发育情况，应定期随机抽测5%左右的雏鸡体重与本品种标准体重比较，如果有明显差别，应及时修订饲养管理方案。

①开食前称重：雏鸡进入育雏舍后，随机抽样50~100只逐只称重，以了解平均体重和体重的变异系数，为确定育雏温度、湿度提供依据。如体重过小，是由于雏鸡从出壳到进入育雏舍间隔时间过长所造成的，应及早饮水，开食；如果是由于种蛋过小造成的，则应有意识地提高育雏温度和湿度，适当提高饲料营养水平，管理上更加细致。②育雏期称重：为了了解雏鸡体重发育情况，应于每周末随机抽测50~100只鸡的体重，并将称重结果与本品种标准体重对照，若低于标准很多，应认真分析原因，必要时进行矫正。矫正的方法是在以后的3周内慢慢加料，以达到正常值为止，一般的基准为1克饲料可增加1克体重。例如，若低于标准体重25克，则应在3周内使料量增加25克。

（3）适时断喙。由于鸡的上喙有一个小弯弧，这样在采食时容易把饲料刨至槽外，造成饲料浪费。当育雏温度过高，鸡舍内通风换气不良，鸡饲料营养成分不平衡（如缺乏某种矿物元素或蛋白质水平过低），鸡群密度过大，光照过强等，都会引起鸡只之间相互啄羽、啄肛、啄趾或啄裸露部分，形成啄癖。啄癖一旦产生，鸡群会骚动不安，死淘率明显上升，如不采取有效措施，将对生产造成巨大损失。在生产中，可改变饲料配方，减弱光照强度，变换光色（如红光可有效防止啄癖），改善通风换气条件，疏散密度等来避免啄癖继续发生，还可减少饲料浪费。所以，在现代养鸡生产中，特别是笼养鸡群，必须断喙。

断喙适宜时间为 7～10 日龄，这时雏鸡耐受力比初生雏要强得多，体重不大，便于操作。断喙使用的工具最好是专用断喙器，它有自动式和人工式两种。在生产中，由于自动式断喙器尽管速度快，但精确度不高，所以，多采用人工式。如没有断喙器，也可用电烙铁或烧烫的刀片切烙。

断喙器（图 1－27）的工作温度按鸡的大小、喙的坚硬程度调整，7～10 日龄的雏鸡，刀片温度达到 700℃较适宜，这时，可见刀片中间部分发出樱桃红色，这样的温度可及时止血，不致破坏喙组织。

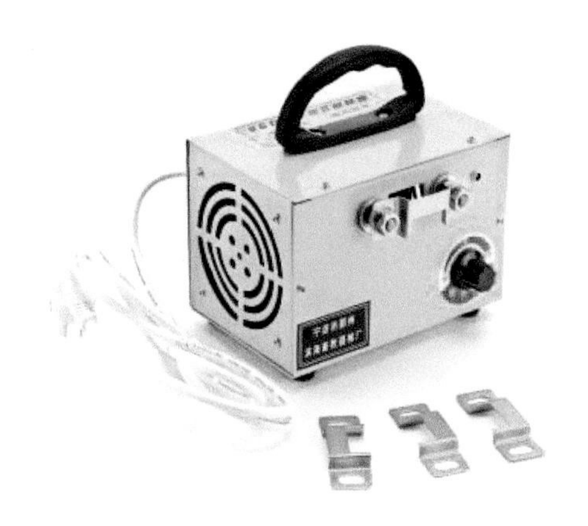

图 1－27　断喙器

断喙时，左手握住雏鸡，右手拇指与食指压住鸡头，将喙插入刀孔，切去上喙1/2，下喙1/3，做到上短下长，切后在刀片上灼烙2~3秒，以利止血。

断喙时雏鸡的应激较大，所以，在断喙前，要检查鸡群健康状况，健康状况不佳或有其他反常情况，均不宜断喙。此外，在断喙前可加喂维生素K。断喙后要细致管理，增加喂料量，不能使槽中饲料见底。

（4）密度的调整。密度即单位面积能容纳的雏鸡数量。密度过大，鸡群采食时相互挤压，采食不均匀，雏鸡的大小也不均匀，生长发育受到影响；密度过小，设备及空间的利用率低，生产成本高。所以，饲养密度必须适宜。

（5）及时分群。通过称重可以了解鸡群的平均体重和整齐度情况。鸡群的整齐度用均匀度表示。即用进入平均体重±10%范围内鸡的数量占所测总数的百分比来表示。均匀度大于80%，则认为整齐度好，若小于70%则认为整齐度差。为了提高鸡群的整齐度，应按体重大小分群饲养。可结合断喙、疫苗接种及转群进行。分群时，将过小或过重的鸡挑出单独饲养，使体重小的尽快赶上中等体重的鸡；体重过大的，通过限制饲养，使其降到标准体重。这样就可提高鸡群的整齐度。逐个称重分群，费时费力，可根据雏鸡羽毛生长情况来判断体重大小，进行分群。

3. 做好日常记录

育雏期间，每天应记录死亡及淘汰雏鸡数，进出周转或出售数，各批鸡每天耗料情况，免疫接种、用药情况，体重抽测情况，环境条件变化情况等资料，以便育雏结束时进行系统分析。

二、育成鸡的饲养管理

育成鸡一般是指7~18周龄的鸡（图1-28）。育成期的培育目标是鸡的体重体型符合本品种或品系的要求；群体整齐，均匀度在80%以上；性成熟一致，符合正常的生长曲线；健康状况良好，适时开产，在产蛋期发挥其遗传因素所赋予的生产性能，育成率应达94%~96%。

图 1-28　育成鸡

（一）生理特点

（1）对环境具有良好的适应性。育成鸡的羽毛已经丰满，具备了调节体温及适应环境的能力。所以，在寒冬季节，只要鸡舍保温条件好，舍温在 10℃以上，则不必采取供暖措施。

（2）消化机能提高。育成鸡对麸皮、草粉、叶粉等粗饲料可以较好地消化吸收，所以，饲料中可适当增加粗饲料和杂粕。

（3）骨骼和肌肉处于旺盛的生长时期。这一时期，鸡体重增加较快，如轻型蛋鸡 18 周龄的体重可达到成年体重的 75%。

（4）生殖器官发育加快。10 周龄以后，母鸡的生殖系统发育较快，需在光照和日粮方面加以控制，蛋白质水平不宜过高，含钙不宜过多，否则会出现性成熟提前，从而早产，影响产蛋性能的充分发挥。

（二）饲养

1. 饲养方式及饲养密度

（1）饲养方式。有地面平养、网上平养和笼养等。

（2）饲养密度。密度过大，鸡群拥挤，采食不均，均匀度差；密度过小，不经济，保温效果差。所以，育成期内要有合理的饲养密度。

2. 营养

逐渐降低能量、蛋白质等营养的供给水平，保证维生素、矿物质及微量元素的供给，这样可减缓鸡的生殖系统发育，又可促进骨骼和肌肉生长，增强消化系统机能，使育成鸡具备一个良好的繁殖体况，能适时开产。

限制水平一般为7~14周龄日粮中粗蛋白质含量15%~16%，代谢能11.49兆焦/千克；15~18周龄蛋白质14%，代谢能11.28兆焦/千克。应当强调的是，在降低蛋白质和能量水平时，应保证必需氨基酸，尤其是限制性氨基酸的供给。育成期饲料中矿物质含量要充足，钙磷应保持在（1.2~1.5）：1，同时，饲料中各种维生素及微量元素的比例要适当。为改善育成鸡的消化机能，地面平养每100只鸡每周喂0.2~0.3千克沙砾，笼养鸡按饲料量的0.5%饲喂。

3. 限制饲养

蛋鸡育成鸡一般从9周龄开始实施限制饲喂。

（1）限量饲喂。就是不限制采食时间，把配合好的日粮按限制量喂给，喂完为止，限制饲喂量为正常采食量的80%~90%。采取这种办法，必须先掌握鸡的正常采食量，而且每天的喂料量应正确称量。所喂日粮的质量必须符合要求，否则，会因日粮质差量少而使鸡群生长及发育受到影响。

（2）限时饲喂。分隔日限饲和每周限饲两种。隔日限制饲喂就是把2天的饲喂量集中在1天喂完。给料日将饲料均匀地撒在料槽中，然后停喂1天，料槽中不留料，也不放其他食物，但要供给充足的饮水，特别是热天不能断水。这种方法常用于体重超标的青年鸡。每周限制饲喂即每周停喂1天或2天。可节约5%饲料，这种方法适用于蛋鸡育成鸡。

（3）限质饲喂。是让日粮中某些营养成分低于正常水平，从而达到限饲的目的。如低能、低蛋白质和低赖氨酸日粮都会延迟性成熟，减少饲料消耗，降低饲料成本。

采用何种方法，各地应根据鸡群状况、技术力量、鸡舍设备、季节、饲料条件等具体情况而定。

（三）管理

1. 入舍初期管理

从雏鸡舍转入育成舍之前，育成鸡舍的设备必须彻底清扫、冲洗和消毒，在熏蒸消毒后，密闭空置 3~5 天后进行转群。转入初期必须做如下工作：

（1）临时增加光照。转群第一天应 24 小时供光，同时在转群前做到水、料齐备，环境条件适宜，使育成鸡进入新鸡舍能迅速熟悉新环境，尽量减少因转群对鸡造成的应激反应。

（2）补充舍温。如在寒冷季节转群，舍温低时，应给予补充舍内温度，补到与转群前温度相近或高 1℃左右。这一点，对平养育成鸡更为重要。否则，鸡群会因寒冷拥挤起堆，引起部分鸡被挤压窒息死亡。如果转入育成笼，每小笼鸡数量少，舍温在 18℃以上时，则不必补温。

（3）整理鸡群。转入育成舍后，要检查每笼的鸡数，多则提出，少则补入，使每笼鸡数符合饲养密度要求，同时清点鸡数，便于管理。在清点时，可将体小、伤残、发育差的鸡捉出另行饲养或处理。

（4）换料。从育雏期到育成期，饲料的更换是一个很大的转折。雏鸡料和育成料在营养成分上有很大差别，转入育成鸡舍后不能突然换料，应有一个适应过程，一般以 1 周的时间为宜。从第 7 周龄的第 1~2 天，用 2/3 的育雏料和 1/3 的育成料混合喂给；第 3~4 天，用 1/2 的育雏料和 1/2 的育成料混合喂给；第 5~6 天，用 1/3 的育雏料和 2/3 的育成料混合喂给，以后喂给育成料。

2. 日常管理

日常管理是养鸡生产的常规性工作，必须认真、仔细地完成，这样才能保证鸡体的正常生长发育，提高鸡群的整齐度。

（1）做好卫生防疫工作。为了保证鸡群健康发育，防止疾病发生，除按期接种疫苗，预防性投药、驱虫外，要加强日常卫生管理，经常清扫鸡舍，更换垫料，加强通风换气，疏散密度，严格消毒等。

（2）仔细观察，精心看护（图 1-29）。每日仔细观察鸡群的采食、饮水、排粪、精神状态、外观表现等，发现问题及时解决。

图 1–29　仔细观察，精心看护

（3）保持环境安静稳定，尽量减缓或避免应激。由于生殖器官的发育，特别是在育成后期，鸡对环境变化的反应很敏感，在日常管理上应尽量减少干扰，保持环境安静，防止噪声，不要经常变动饲料配方和饲养人员，每天的工作程序更不能变动。调整饲料配方时要逐渐进行，一般应有一周的过渡期。断喙、接种疫苗、驱虫等必须执行的技术措施要谨慎安排，最好不转群，少抓鸡。

（4）保持适宜的密度。适宜的密度不仅增加了鸡的运动机会，还可以促进育成鸡骨骼、肌肉和内部器官的发育，从而增强体质。网上平养时一般每平方米 10~12 只，笼养条件下，按笼底面积计算，比较适宜的密度为每平方米 15~16 只。

（5）定期称测体重和体尺，控制均匀度。育成期的体重和体况与产蛋阶段的生产性能具有较大的相关性，育成期体重可直接影响开产日龄、产蛋量、蛋重、蛋料比及产蛋高峰持续期。体型是指鸡骨骼系统的发育，骨骼宽大，意味着母鸡中后期产蛋的潜力大。饲养管理不当，易导致鸡的体型发育与骨骼发育失衡。鸡的胫长可表明鸡体骨骼发育程度，所以通过测量胫长长度可反映出体格发育情况。

为了掌握鸡群的生长发育情况，应定期随机抽测 5%~10% 的育成鸡体重和胫长，与本品种标准比较，如发现有较大差别时，应及时修订饲养管理措施，为培育出健壮、高产的新母鸡提供参考依据，实行科学饲养。

（6）淘汰病、弱鸡。为了使鸡群整齐一致，保证鸡群健康整齐，必须注意及时淘汰病、弱鸡。除平时淘汰外，在育成期要集中两次挑选和淘汰。第一次是在 8 周龄前后，选留发育好的，淘汰发育不全、过于弱小或有残疾的鸡。第二次是在 17~18 周龄，结合转群时进行，挑选外貌结构良好的，淘汰不符合本品种特征和过于消瘦的个体，断喙不良的鸡在转群时也应重新修整。同时还应配有专人计数。

（7）做好日常工作记录。

三、产蛋鸡的饲养管理

产蛋鸡一般是指 19~72 周龄的鸡（图 1-30）。产蛋阶段的饲养任务是最大限度地减少各种应激对蛋鸡的有害影响，为产蛋鸡提供最有益于健康和产蛋的环境，使鸡群充分发挥生产性能，从而达到最佳的经济效益。

图 1-30　产蛋鸡

（一）开产前的准备

1. 鸡舍及设备的消毒

上一批产蛋鸡淘汰以后，青年母鸡转入产蛋舍前，要对鸡舍及设备进行彻底消毒。

（1）彻底清除积粪和垫草，用高压水泵将地面、墙壁及各种笼具冲洗干净。

（2）用火焰喷射器将笼具、墙壁及地面烧一遍。一些塑料制品，应先浸入到含有洗涤剂的水中清洗干净，再用含有消毒剂的水消毒干净。饮水系统必须清洗干净后，再进行消毒。鸡舍周围要打扫干净，喷洒消毒药进行消毒。

（3）用广谱消毒剂喷洒墙壁和地面，若发现有寄生虫，应加上杀虫剂，在鸡舍的墙壁上用石灰浆水喷洒一层，既能起到消毒作用，又能增加鸡舍内的亮度。

（4）空舍时间必须在 10 天以上。鸡舍内换上干净的设备后，关闭鸡舍，舍内温度升高到 25℃，湿度升高到 60%～70%，按每立方米鸡舍空间 40 毫升甲醛、20 克高锰酸钾进行熏蒸消毒，熏蒸时间不能少于 18 小时，时间长一些，效果更好，在进鸡前 48 小时，打开门窗及风机，排除气味后，就可进鸡。

2. 转群

应在鸡群开产前及时转群，使鸡有足够的时间熟悉和适应新的环境，以减少因环境变化给鸡开产带来的不良影响。转群的时间视具体情况而定，如蛋用型鸡可在 17～18 周龄时转群。限饲的鸡群，转群前 48 小时应停止限饲，选择鸡正好休息的时间内进行。为减少惊扰鸡群，可在夜间进行，将鸡舍灯泡换成小瓦数或绿色灯泡，使光线变暗，或白天将门窗遮挡好，以便于捉鸡。捉鸡时要捉两腿，不要捉颈捉翅，动作迅速，轻抓轻放，不能粗暴，以最大限度减少鸡群惊慌。

转群前要准备充足的水和饲料。转群时注意天气不应太冷、太热，冬天尽量选择在晴天进行，夏天可在早晚或阴凉天气进行。转群后的 1～2 周应做好向产蛋期过渡的工作，如调换饲料配方，增加光照等，准备产蛋。

（二）饲养

现代性能卓越的蛋鸡群，500 日龄入舍母鸡总产蛋量可达 18～19

千克，是其本身体重的8～9倍。母鸡在产蛋期间体重增加30%～40%，采食的饲粮约为其体重的20倍。因此，在饲养时必须认真研究与计算，用尽可能少的饲粮全面满足其营养需要，既能使鸡群健康正常，也能充分发挥其产蛋潜力，以取得良好效益。

1. 阶段饲养

蛋鸡产蛋期间的阶段饲养是指根据鸡群的产蛋率和周龄将产蛋期分为几个阶段，并根据环境温度喂给不同营养水平的日粮，这种既满足营养需要，又不浪费饲料的方法叫阶段饲养法。阶段饲养在不同的情况下有着不同的含义，这里主要指产蛋阶段饲料蛋白质和能量水平的调节，以便更准确地满足蛋鸡不同产蛋期的蛋白质、能量需要量，以降低饲料成本。阶段饲养分为三阶段饲养法和两阶段饲养法两种。

（1）三阶段饲养法。即产蛋前期、中期、后期，或产蛋率80%以上，70%～80%，70%以下3个阶段。

第一阶段是产蛋率80%以上时期（多数是自开产至40周龄）。育成阶段发育良好，均匀度较高，光照适时，一般在20周龄开产，26～28周龄达产蛋高峰，产蛋率可达95%左右。到40周龄时产蛋率也能维持在80%以上，蛋重由开始的40克左右增至56克以上。实践证明，产蛋率50%的日龄以160～170天为宜，这样的鸡初产蛋重较大，蛋重上升快，高峰期峰值高，持续时间也长。在一群鸡中，如果开产时间早晚不一，那么鸡群不会有很高的产蛋高峰出现。可采取控制光照、限饲等方法使鸡群开产同步。开产后喂给高能量、高蛋白质水平且富含矿物质和维生素的日粮，在满足自身体重增加的基础上使产蛋率迅速达到高峰，并维持较长的时间。此阶段日粮可按照每天每只鸡采食18～19克粗蛋白质，能量1 263.6千焦左右饲喂。产蛋前期的母鸡除了应注意刚转群时饲养管理外，还应特别注意因繁殖机能旺盛、代谢强度大、产蛋率和自身体重均增加，而出现抵抗力较差的情况。应加强卫生和防疫工作。

第二、第三阶段分别为产蛋率70%～80%和70%以下（多在40～60周龄和66周龄以后）。此期母鸡的体重几乎不再增加，而且产蛋量开始下降，只是蛋重有增加，故此时的饲养管理应是使产蛋率缓慢和平稳地下降。应降低日粮的营养水平，粗蛋白质采食量应掌握在 16~17 克和 15~16 克。只要日粮中各种氨基酸平衡，粗蛋白质降低 1%对鸡的产蛋性能不致有影响。

加拿大谢佛公司的阶段饲养法为：第一阶段的蛋白质喂给量是每天每只鸡 17~18 克，顶峰阶段甚至高达 19 克，第二、第三阶段分别为 16 克和 15 克。一般情况下轻型蛋鸡三阶段日粮标准为前期粗蛋白质 18%，代谢能 11. 97 兆焦/千克；中期粗蛋白质 16. 5%，代谢能 11. 97 兆焦/千克；后期粗蛋白质 15%，代谢能 11. 97 兆焦/千克。

（2）两阶段饲养法。即从开产至 42 周龄为前期，42 周龄以后为后期。产蛋前期喂给较高水平蛋白质日粮，蛋白质水平为 17%或 18%，产蛋后期日粮蛋白质水平降为 15%或 16%。

2. 调整饲养

产蛋鸡的营养需要受品种、体重、产蛋率、鸡舍温度、疾病、卫生状况、饲养方式、密度、饲料中能量含量以及饮水温度等诸多因素的影响，而分段饲养的营养标准只是规定鸡在标准条件下营养需要的基本原则和指标，不能全面反映可变因素的营养需要。调整日粮配方以适应鸡对各种因素变化的生理需要，这种饲养方式称为调整饲养。

3. 限制饲养

随着养鸡科技的进一步发展，蛋用型鸡产蛋期限制饲养的意义已日趋明显。由于饲料消耗是影响蛋鸡收益的最主要的经济性状，在产蛋期实行限制饲养，可以提高饲料转化率，降低成本，维持鸡的适宜体重，避免母鸡过肥而影响产蛋。即便是由于限饲使产蛋量略有下降，但由于能节省饲料，最终核算时，只要每只鸡的收入大于自由采食时的收入，限制饲喂也是合算的。

对产蛋鸡应该在产蛋高峰过后两周开始实行限制饲喂。具体方法是在产蛋高峰过后，将饲料量每 100 只鸡每天减少 230 克，连续 3~4 天，如果由于饲料减少没有使产蛋量下降很多，则继续使用这一给料量，并可使给料量再少一些。只要产蛋量下降平稳，这一方法可以持续下去；如果下降幅度较大，就将给料量恢复到前一个水平。当鸡群受应激刺激或气候异常寒冷时，不要减少给料量。在正常情况下，限制饲喂的饲料减少量不能超过9%。

（三）日常管理

1. 饲养人员要按时完成各项工作

开灯、关灯、给水、拣蛋、清粪、消毒（图1-31）等日常工作，都要按规定、保质保量地完成。

每天必须清洗水槽，喂料时要检查饲料是否正常，有无异味、霉变等。要注意早晨一定让鸡吃饱，否则会因上午产蛋而影响采食量，关灯前，让鸡吃饱，不致使鸡空腹过夜。

及时清粪，保证鸡舍内环境优良。定期消毒，做好鸡舍内的卫生工作，有条件时，最好每周2次带鸡消毒，使鸡群有一个干净卫生的环境，保证其健康，从而充分发挥其生产性能。

图1-31 鸡舍消毒

2. 拣蛋

及时拣蛋，给鸡创造一个无蛋环境，可以提高鸡的产蛋率。鸡产蛋的高峰一般在日出后的3~4小时，下午产蛋量占全天产蛋量的20%~30%，生产中应根据产蛋时间和产蛋量及时拣蛋，一般每天应拣蛋2~3次。

3. 减少各种应激

产蛋鸡对环境的变化非常敏感，尤其是轻型蛋鸡。任何环境条件的突然改变都能引起强烈的应激反应。如高声喊叫、车辆鸣号、燃放鞭炮等，以及抓鸡转群、免疫、断喙、光照强度的改变、新奇的颜色等都能引起鸡群的惊恐而发生强烈的应激反应。

产蛋鸡的应激反应，突出表现为食欲不振，产蛋下降，产软蛋，有时还会引起其他疾病的发生，严重时可导致内脏出血而死亡。因此，必须尽可能减少应激，给鸡群创造良好的生产环境。

4. 做好记录

通过对日常管理活动中的死亡数、产蛋数、产蛋量、产蛋率、蛋重、料耗、舍温、饮水等实际情况的记载，可以反映鸡群的实际生产动态和日常活动的各种情况，可以了解生产，指导生产。所以，要想管理好鸡群，就必须做好鸡群的生产记录工作。也可以通过每批鸡生产情况的汇总，绘制成各种图表，与以往生产情况进行对比，以免在今后的生产中再出现同样的问题。

第四节　肉鸡的饲养管理

一、肉仔鸡的饲养管理

（一）重视后期育肥

肉仔鸡生长后期脂肪的沉积能力增强，因此应在饲料中增加能量含量，最好在饲料中添加3%~5%的脂肪。在管理上保持安静的生活环境、较暗的光线条件，尽量限制鸡群活动，注意降低饲养密度，保持地面清洁干燥。

（二）添喂沙砾

第1~14天，每100只鸡喂给100克细沙砾，以后每周每100只鸡喂给400克粗沙砾。或在鸡舍内均匀放置几个沙砾盆，供鸡自由采用。沙砾要求干净、无污染。

（三）适时出栏

肉用仔鸡的特点是，早期生长速度快、饲料利用率高，特别是6周龄前更为显著。因此要随时根据市场行情进行成本核算，在有利可盈的情况下提早出售。目前，我国饲养的肉仔鸡一般在6周龄左右，公母混养体重达2千克以上，即可出栏。

（四）加强疫病防治

肉鸡生长周期短，饲养密度大，任何疾病一旦发生，都会造成严重损失。因此要制定严格的卫生防疫措施，做好预防。

1. 实行“全进全出”的饲养制度

在同一场或同一舍内饲养同批同日龄的肉仔鸡，同时出栏，便于统一调配饲料、调节光照、进行防疫等。第一批鸡出栏后，留2周以上时间彻底打扫消毒鸡舍，以预防循环感染，使疫病减少，死亡率降低。“全进全出”的饲养制度是现代肉鸡生产必须做到的，也是保证鸡群健康，根除病原的最有效措施。

2. 加强环境卫生，建立严格的卫生消毒制度

搞好肉仔鸡鸡舍的环境卫生，是养好肉仔鸡的重要保证。鸡舍门口设消毒池，垫料要保持干燥，饲喂用具要经常洗刷消毒，注意饮水消毒和带鸡消毒。

3. 疫苗接种

疫苗接种是预防疾病，特别是预防病毒性疾病的重要措施，要根据当地传染病的流行特点，结合本场实际制定合理的免疫程序。最可靠的方法是进行抗体检测，以确定各种疫苗的使用时间。

4. 药物预防

根据本场实际，定期进行预防性投药，以确保鸡群稳定健康。如1~4日龄饮水中加抗菌药物（环丙沙星、恩诺沙星），防治脐炎、鸡白痢、慢性呼吸道病等疾病，切断蛋传疾病。17~19日龄再次用以上药物饮水3天，为防止产生抗药性，可添加磺胺增效剂。15日龄后地面平养鸡，应注意球虫病的预防。

二、肉种鸡的饲养管理

现代肉鸡育种以提高肉用性能为中心，以提高增重速度为重点，育成的肉用鸡种体型大，肌肉发达，采食量大。饲养过程中易发生过肥或超重，使正常的生殖机能受到抑制，表现为产蛋减少、腿病增多、种蛋受精率降低，使肉种鸡自身的特点和肉种鸡饲养者所追求的目标不一致。解决肉种鸡产肉性能与产蛋任务的矛盾，重点是保持其生长和产蛋期的适宜体重，防止体重过大或过肥。所以，发挥限制饲养技术的调控作用，就成为饲养肉种鸡的关键（图 1–32）。

图 1–32　肉种鸡的饲养

（一）种母鸡各阶段的饲养管理

1. 育雏育成期公母分群饲养

现代肉种鸡 0～10 日龄为育雏期，由于育雏期缩短，需要提供更精细的饲养管理。具体饲养管理方法见蛋用雏鸡饲养，此处仅重点介绍肉用种鸡育雏育成期的公母分群。

育雏、育成期种公鸡和种母鸡的饲养管理原则基本相同，但体重生长曲线和饲喂程序却不一样。虽然种公鸡的数量在整个鸡群中所占的比例较小，但在遗传育种重要性方面却起着 50%的作用。因此，种公鸡和种母鸡在达到其最适宜的体重目标方面具有同样的重要性。目前大多数饲养管理成功的鸡群在整个育雏育成阶段都采用种公鸡和种母鸡分开饲养的程序，至少前 6 周要分开饲养。

2. 育成期的限制饲养

（1）育成期的培育目标。育成期指 10 日龄至 15 周龄，是决定肉种鸡体型发育的重要阶段。育成前期随着采食量的增加，鸡体生长明显加快，其骨骼、肌肉为生长的主要部位，至 12 周龄以后骨骼发育减慢，生殖系统发育开始加快，沉积脂肪能力变强。

（2）限制饲养的目的。①延迟性成熟期。通过限制饲喂，后备种鸡的生长速度减慢，体重减轻，使性成熟推迟，一般可使开产日龄推迟 10~40 天。②控制生长发育速度。使体重符合品种标准要求，提高均匀度，防止母鸡过多的脂肪沉积，并使开产后小蛋数量减少。③降低产蛋期死亡率。在限制饲喂期间，鸡无法得到充足营养，非健康和弱残的鸡在群体中处于劣势，最终无法耐受而死亡。这样在限喂期间将淘汰一部分鸡，育成后的鸡受到锻炼，在产蛋期间的死亡率降低。④节省饲料。限制饲喂可节约饲料，降低生产成本，一般可节省 10%~15%的饲料。⑤使同群内的种鸡的成熟期基本一致，做到同期开产，同时完成产蛋周期。

（3）限制饲养的方法。为了控制体重，首先必须进行称重以了解鸡群的体重状况。称重一般从 4 周龄开始，每周称重一次，每次随机抽取全群总数的 2%~5%或每栋鸡舍抽取不少于 50 只鸡，公母分开进行称重。称重后与标准体重进行对比，如果鸡体重未达标，则应增加饲喂量，延长采食时间，增加饲料中能量、蛋白质水平，甚至延长育雏料（育雏料中能量、蛋白质含量较高）饲喂周龄直至体重达标为止。如体重超标，则应进行限制饲喂。限制饲喂的方法如下。

①限时法。主要是通过控制种鸡的采食时间来控制其采食量。本法又可分为每日限饲、隔日限饲和每周限饲 3 种形式。

每日限饲：按种鸡年龄大小、体重增长情况和维持生长发育的营养需要，每日限量投料或通过限定饲喂次数和每次采食的时间来实现限饲。此法对鸡应激较小，适用于育雏后期、育成前期和转入产蛋鸡舍前 1~2 周或整个产蛋期的种鸡。

隔日限饲：把 2 天限饲的饲料集中在 1 天投给，即 1 天喂料，1 天停料。该法对种鸡应激较大，但可缓解其争食现象，使每只鸡吃料量大体相当，从而得到体重整齐度较高而又符合目标要求的鸡群。该法适用于生长速度快而难以控制的阶段，一般在 7~11 周龄。但实施阶段 2 天的喂料量，不可超过产蛋高峰期的喂料量。

每周限饲：每周喂 5 天（周一、周二、周四、周五、周六），停 2 天（周二、周日），即将 7 天的饲料平均分配到 5 天投饲。

②限质法。主要是限制饲料的营养水平，使种鸡日粮中某些营养成分的含量低于正常水平。通常采用降低日粮能量或蛋白质水平，或能量、蛋白质和赖氨酸水平都降低的方法，达到限制种鸡生长发育的目的。但是，在此应注意，对于种鸡日粮中的其他营养成分，如维生素、矿物质和微量元素等，仍需满足供给。

③限量法。通过减少喂料量，控制种鸡过快生长发育。实施此法时，一般按肉用种鸡自由采食量的 70%~80%投喂饲料。当然，所喂饲料应保证质量和营养全价。

（二）种公鸡的饲养管理

1. 体重控制

在保证肉用种公鸡营养需要量的同时应控制其体重，以保持品种应有的体重标准。在育成期必须进行限制饲喂，从 15 周龄开始，种公鸡的饲养目标就是让种公鸡按照体重标准曲线生长发育，并与种母鸡一道均匀协调地达到性成熟。混群前每周至少一次、混群后每周至少两次监测种公鸡的体重和周增重。平养种鸡 20~23 周龄公母混群后，监测种公鸡的体重更为困难，一般是在混群前将所挑选的标准体重范围内 20%~30%的种公鸡做出标记，在抽样称重过程中，仅对做出标记的种公鸡进行称重。根据种公鸡抽样称重的结果确定喂料量的多少。

2. 种公鸡的饲喂

公母混群后，种公鸡和种母鸡应利用其头型大小和鸡冠尺寸之间的差异由不同的饲喂系统进行饲喂，可以有效地控制体重和均匀度。种公鸡常用的饲喂设备有自动盘式喂料器、悬挂式料桶和吊挂式料槽。每次喂完料后，将饲喂器提升到一定高度，避免任何鸡只接触，将次日的料量加入，喂料时再将喂料器放下。必须保证每只种公鸡至少拥有18厘米的采食位置，并确保饲料分布均匀。采食位置不能过大，以免使一些凶猛的公鸡多吃多占，均匀度变差，造成生产性能下降。随着种公鸡数量的减少，其饲喂器数量也应相应减少。经证明，悬挂式料桶特别适合饲喂种公鸡，料槽内的饲料用手匀平，确保每一只种公鸡吃到同样多的饲料。应先喂种母鸡料，后喂种公鸡料，有利于公母分饲。要注意调节种母鸡喂料器格栅的宽度、高度和精确度，检查喂料器状况，防止种公鸡从种母鸡喂料器中偷料，否则种公鸡的体重难以控制（图1-33）。

图1-33 种公鸡的饲喂

3. 监测种公鸡的体况

每周都应监测种公鸡的状况，建立良好的日常检查程序。种公鸡的体况监测包括种公鸡的精神状态，是否超重，机敏性和活力，脸部、鸡冠、肉垂的颜色和状态，腿部、关节、脚趾的状态，肌肉的韧性、丰满度和胸骨突出情况，羽毛是否脱落，吃料时间，肛门颜色（种公鸡交配频率高肛门颜色鲜艳）等。平养肉种鸡时，公鸡腿部更容易出现问题，比如踱行、脚底肿胀发炎、关节炎等，这些公鸡往往配种受精能力较弱，应及时淘汰。公母交配造成母鸡损伤时，淘汰体重过大的种公鸡。

4. 适宜的公母比例

公母比例取决于种鸡类型和体形大小，公鸡过多或过少均会影响受精率。自然交配时一般公母比例为（8.5~9）：100 比较合适。无论何时出现过度交配现象（有些母鸡头后部和尾根部的羽毛脱落是过度交配的征兆），应按 1：200 的比例淘汰种公鸡，并调整以后的公母比例。按常规每周评估整个鸡群和个体公鸡，根据个体种公鸡的状况淘汰多余的种公鸡，保持最佳公母比例。人工授精时公母比例为 1：(20~30) 比较合适。

5. 创造良好的交配环境

饲养在“条板—垫料”地面的种鸡，公鸡往往喜欢停留在条板栖息，而母鸡却往往喜欢在垫料上配种，这些母鸡会因公鸡不离开条板而得不到配种。为解决这个问题，可于下午将一些谷物或粗玉米颗粒撒在垫料上，诱使公鸡离开条板在垫料上与母鸡交配。

6. 替换公鸡

如果种公鸡饲养管理合理，与种母鸡同时入舍的种公鸡足以保持整个生产周期全群的受精率。随着鸡群年龄的增长不断地淘汰，种公鸡的数目逐渐减少。为了保持最佳公母比例，鸡群可在生产后期用年轻健康强壮公鸡替换老龄公鸡。对替换公鸡应进行实验室分析和临床检查，确保其不要将病原体带入鸡群。确保替换公鸡完全达到性成熟，避免其受到老龄种母鸡和种公鸡的欺负。为防止公鸡间打架，加入新公鸡时应在关灯后或黑暗时进行。观察替换公鸡的采食饮水状况，将反应慢的种公鸡圈入小圈，使其方便找到饮水和饲料。替换公鸡（带上不同颜色的脚圈或在翅膀上喷上颜色）应与老龄公鸡分开称重，以监测其体重增长趋势。

第二章　鸭的生态养殖

第一节　鸭主要品种

一、引进品种（品系）

1. 樱桃谷鸭

樱桃谷鸭是由英国林肯郡樱桃谷公司利用从我国引入的北京鸭与当地的艾里斯伯里鸭为亲本杂交选育而成，是世界著名的瘦肉型鸭。具有生长快、瘦肉率高、净肉率高、饲料转化率高、抗病力强等优点（图 2–1）。

图 2–1　樱桃谷鸭

樱桃谷鸭体型较大，父母代成年公鸭体重 4 000~4 200克，母鸭体重 3 000~3 200 克。父母代种鸭 180~190 日龄开产，年产蛋量 210~220 枚，种蛋受精率 90%左右。商品代鸭 42 日龄活重 3 000克，料重比 2.2~2.4，全净膛率 71%，胸腿肉率 21%，皮脂率 28%。父母代鸭 66 周龄产蛋量 220 枚。公母配种比例为 1：（5~6），受精率 90%以上，受精蛋孵化率 85%。

2. 狄高鸭

狄高鸭是澳大利亚狄高公司利用引入的北京鸭选育而成的大型配套系肉鸭。狄高鸭的外形与北京鸭相似。雏鸭红羽黄色，脱换幼羽后羽毛变为白色。头大稍长，颈粗，背长阔，胸宽，体躯稍长，胸肌丰满，尾稍翘起，性指羽 2~4 根。喙黄色，胫、蹼橘红色（图 2-2）。

图 2-2　狄高鸭

狄高鸭 182 日龄性成熟，33 周龄产蛋进入高峰期，产蛋率达 90%以上，年产蛋量 200~230 枚。公母配种比例 1：（5~6），受精率 90%以上，受精蛋孵化率 85%左右。父母代每只母鸭可提供商品代雏鸭苗 160 只左右。初生雏鸭体重 55 克，7 周龄商品代肉鸭体重 3 000克，料重比 2.9~3.0。半净膛率 93%~94%，全净膛屠宰率（连头脚）80%~82%。胸肌重 273 克，腿肌重 352 克。

3. 奥白星鸭

奥白星鸭是由法国奥白星公司采用品系配套方法选育的商用肉鸭，具有体型大、生长快、早熟、易肥和屠宰率高等优点。奥白星鸭成年鸭外貌特征与北京鸭相似，体羽白色，头大，颈粗，胸宽，体躯稍长，胫粗短。雏鸭绒毛金黄色，随日龄增大而逐渐变浅，换羽后全身羽毛白色。喙、胫、蹼均为橙黄色（图 2-3）。

图 2-3　奥白星肉鸭

奥白星商品代肉鸭 6 周龄体重3 200~3 300克，料重比 2.3；7 周龄体重3 700克，料重比 2.5；8 周龄体重4 040克，料重比 2.75。种鸭 24~26 周龄性成熟，32 周龄进入产蛋高峰，年平均产蛋量 220 枚左右。公母配种比例为 1∶5，种蛋受精率 92%~95%。

4. 番鸭

番鸭又称瘤头鸭、麝香鸭，属肉用型引入品种，原产于中、南美洲。我国饲养的番鸭多由法国引进，主要分布于福建、江苏、浙江、广东、台湾等地。

番鸭体形硕大，身躯长、略扁，前后窄、中间宽，呈纺锤形。胸宽而平，站立式体躯与地面呈水平状。头大，颈粗短，头顶部有一排纵向长羽，受刺激时竖起、呈刷状。喙短而窄，喙基部和眼周侧有红色皮瘤，公鸭皮瘤比母鸭宽厚、发达。羽色主要有白色和黑色两种（图 2-4，图 2-5）。

白羽番鸭成年公鸭体重4 912克，母鸭体重2 812克；初生体重公鸭 51 克，母鸭 49 克；70 日龄体重公鸭3 946克，母鸭2 245克。189 日龄开产，第一个产蛋期（27~48 周龄）产蛋数 112 枚，第二个产蛋期（60~81 周龄）产蛋数 98 枚。种蛋受精率 92.4%，受精蛋孵化

图 2-4　白番鸭公鸭

图 2-5　白番鸭母鸭

率 91.8%。就巢性强。

二、地方品种

1. 北京鸭

世界著名肉鸭品种，“北京烤鸭”的制作原料。原产于北京西郊玉泉山一带，中心产区为北京市，主要分布于上海、广东、天津、辽宁等地，国内其他地区和国外均有分布。北京鸭先后被美国、英国、日本、苏联等国家引进培育，目前约占世界大体型肉鸭生产量的 94%。

北京鸭体型较大，呈长方形，体态丰满，前躯高昂，尾羽稍上翘。颈粗短，背平宽，两翅紧贴。全身羽毛白色，公鸭有钩状性羽。喙扁平，橘黄色，皮肤白色，胫、蹼橘黄色或橘红色；母鸭开产后喙、胫、蹼颜色变浅，喙上出现黑色斑点（图 2-6）。

图 2-6　北京鸭

舍饲条件下，北京鸭 7 周龄公、母鸭平均体重 3 500 克，料重比 2.57。165~170 日龄开产后，年产蛋数 220~240 枚。公母鸭配种比例 1：（4~6），种蛋受精率 93%，受精蛋孵化率 87%~88%。

2. 中国番鸭

肉用型地方品种，是福建番鸭、海南嘉积鸭、贵州天柱番鸭、湖北阳新番鸭、云南文山番鸭等的合称。中心产区为福建、台湾、海南、广东、贵州等省，有抗病力强、耐粗饲、产蛋性能好、瘦肉率高、肉质鲜美等特点。

中国番鸭体躯长而宽，前后窄小，呈纺锤形，体躯与地面呈水平状态。头中等大小。喙较短而窄，喙基部和眼周围有红色或黑色皮瘤，上喙基部有一小块突起的肉瘤，雄性更为发达。根据羽毛颜色不同分为黑番鸭、白番鸭和黑白花番鸭（图 2-7，图 2-8）。

中国番鸭 10 周龄公鸭体重 3 000~3 200 克，母鸭体重 2 000~2 200 克。180~260 日龄开产，年产蛋数 70~120 枚，蛋重 67~77 克。种蛋受精率 88%~95%，受精蛋孵化率 85%~95%。就巢性较强。

3. 高邮鸭

肉蛋兼用大型麻鸭地方品种。原产于江苏省高邮市，主要分布

图 2-7　中国番鸭黑番鸭公鸭

图 2-8　中国番鸭黑番鸭母鸭

于周边的兴化、宝应、建湖、金湖等地。现由高邮市高邮鸭良种繁育中心保种。

高邮鸭体型较大，体躯呈长方形。公鸭肩宽背阔，胸深，体躯长，颈羽呈墨绿色并向上卷曲；母鸭颈细，身长。喙豆黑色，虹彩褐色，皮肤白色或浅黄色。雏鸭绒毛呈黄色，具黑头星、黑线脊、黑尾。

舍饲条件下高邮鸭 8 周龄平均体重2 480克，料重比 3.4，成活率 96%以上。成年公鸭平均体重2 660克，成年母鸭平均体重2 790克。170~190 日龄开产（5%产蛋率），500 日龄产蛋数 190~200 枚，善产双黄蛋（比例约 3.1%）。公母配种比例 1∶（20~30），种蛋受精率舍饲条件下 86%~90%，放牧条件下 90%~93%，受精蛋孵化率

90%。无就巢性。

4. 巢湖鸭

肉蛋兼用中型麻鸭品种。原产于安徽省巢湖市庐江县及周边的无为、居巢、肥东、肥西等县，广泛分布于整个巢湖流域和长江中下游地区。是地方传统产品“庐江烤鸭”“无为熏鸭”的主要原料。

巢湖鸭体型中等，羽毛紧密、有光泽，颈细长。喙豆呈黑色，虹彩褐色，皮肤白色，胫、蹼橘红色。公鸭颈羽墨绿色，性羽灰黑色；雏鸭绒毛黄色（图 2-9）。

图 2-9　巢湖鸭

巢湖鸭舍饲条件下 70 日龄体重 2 083~2 093 克，放牧条件下体重 1 760~1 960 克。150~180 日龄开产，500 日龄产蛋数 170~200 枚，公母配种比例 1：（15~20）。种蛋受精率 92%~95%，受精蛋孵化率 90%~95%。无就巢性。

5. 大余鸭

肉蛋兼用型地方品种，又称大余麻鸭。体型中等偏大，原产于江西省大余县，主要分布于大余县、南康市和广东南雄市。大余鸭生长速度较快，皮薄、肉质细嫩，是加工板鸭的优质原料，生产的产品有“南安板鸭”等。

大余鸭头稍大，喙多为黄色、少数青色，皮肤白色，胫、蹼青黄色。公鸭颈部粗，头、颈、背部羽毛红褐色，颈羽墨绿色；母鸭颈部细长，羽毛红褐色，有较大的黑色斑点（“大粒麻”），颈羽墨绿色，少数有白颈圈；雏鸭全身绒毛黄色，背部及头部有小块浅黑斑（图 2-10）。

图 2-10　大余鸭

舍饲条件下，大余鸭 8 周龄料重比 2.4~2.6，成活率 95%以上。成年公鸭体重2 350克，母鸭体重2 404克。175 日龄开产，500 日龄产蛋数 190 枚。种蛋受精率 95%，受精蛋孵化率 92%。就巢率 10%~15%。

6. 淮南麻鸭

肉蛋兼用型地方品种。原产于河南省信阳市淮河以南，大别山以北地区，中心产区为淮河以南的光山、固始、商城、罗山、平桥、新县等县，分布于信阳市周边地区。

淮南麻鸭体型中等，体躯呈狭长方形，尾上翘。头中等大，眼突出，多数个体有深褐色眉纹。喙以橘黄色为主、少数青色，喙豆肉以褐色居多。虹彩黄灰色，皮肤粉白色，胫、蹼橘红色（图 2-11）。

淮南麻鸭初生重 45 克，90 日龄平均体重1 500克；成年公鸭体重2 040克，母鸭体重为1 500克。150~170 日龄开产，年产蛋 170~

图 2-11　淮南麻鸭

190 枚，蛋壳白色为主，少数青色。种蛋受精率 90%~95%，受精蛋孵化率 90%~97%。就巢性弱。

7. 临武鸭

肉蛋兼用型品种。原产于湖南省临武县，中心产区为临武县武源、武水、双溪、城关等乡镇，郴州市及广东粤北一带也有饲养。临武鸭生长快、瘦肉率高、肉嫩味美，是适合生态养殖的优良品种。传统食品有鸭肉粽、炒鸭血、煮红鸭蛋等。

临武鸭体型较大，躯干较长，后躯比前躯发达，呈圆筒状。公鸭头颈上部和下部羽毛以棕褐色居多，颈中部有白色颈圈，腹部羽毛为棕褐色，性羽 2~3 根；母鸭全身麻黄色或土黄色。喙和胫多呈黄褐色或橘黄色（图 2-12，图 2-13）。

图 2-12　临武鸭公鸭

图 2-13　临武鸭母鸭

临武鸭初生重45克，成年公鸭体重1 943克、母鸭体重1 714克。70日龄平均体重1 668克。127日龄开产，年产蛋246枚，平均蛋重70克，蛋壳乳白色居多。公母配比圈养为1：(15~20)，放牧饲养为1：(20~25)。种蛋受精率约93%，受精蛋孵化率87%。无就巢性。

三、培育品种（配套系）

1. Z型北京鸭

Z型北京鸭由中国农业科学院北京畜牧兽医研究所在传统北京鸭的基础上，经过20多年选育而成，形成了肉脂型与瘦肉型北京鸭配套系，2006年获得国家新品种证书，其商品代肉鸭的生长速度和饲料转化率得到了很大的改善。Z型北京鸭生长速度、饲料转化效率、成活率和种鸭的产蛋率、受精率、孵化率等生产性能指标已经达到国际先进水平。

瘦肉型北京鸭42日龄体重3 200克，料重比2.1~2.2，瘦肉率22.0%，皮脂率22.7%；父母代种鸭70周龄产蛋量220~240枚。

肉脂型北京鸭42日龄体重3 350克，料重比2.4~2.5，瘦肉率20.5%，皮脂率32.5%；父母代种鸭70周龄产蛋量220~240枚。

2. 南口1号北京鸭

由北京金星鸭业中心经过30年培育而成，2005年通过国家畜禽品种审定委员会新品种审定。南口1号北京鸭配套系为三系配套，由观系（终端父系）和Ⅳ（母本父系）、Ⅶ（母本母系）配套而成。每年向全国提供父母代种鸭40万~60万只。

父母代成年母鸭羽毛洁白、有光泽，体躯呈长方形，体型适中，身体前部昂起与地面约呈40°角。皮肤白色，喙为橙黄色、喙豆肉粉色，胫、蹼为橙黄色或橘红色，开产后颜色逐渐变浅，喙上出现黑色斑点，随产蛋增加，斑点增多，颜色变深。产蛋性能好、繁殖率高、适应性强，生产的商品鸭生长速度快，一般38~42日龄出栏。42日龄体重3 200克，料重比2.2~2.3，胸肉率10%，腿肉率11.5%，皮脂率30.3%。174日龄50%开产，40周龄产蛋数115枚。种蛋受精率92%，受精蛋孵化率89%。

3. 仙湖肉鸭

仙湖肉鸭配套系是由广东省佛山科学技术学院根据现代家禽遗传育种学原理，以仙湖2号鸭、樱桃谷鸭及狄高鸭商品肉鸭为选育亲本，经过近10年选育而成，2003年通过国家畜禽品种审定委员会审定。

父母代种鸭年产蛋量240枚，商品肉鸭49日龄体重3 439克，料重比2.58，胸腿肌率21.7%，成活率98%以上。

4. 三水白鸭

三水白鸭是广东省佛山市联科畜禽良种繁育场与华南农业大学动物科学学院合作培育而成的国家级水禽新品种，2003年通过国家畜禽品种审定委员会的审定，并于2004年获农业部颁发的畜禽新品种（配套系）证书。三水白鸭以其父母代种鸭繁殖性能优越、商品代肉鸭早期生长速度快且瘦肉率高等优点，深受全国各地养殖户的欢迎。

三水白鸭雏鸭绒毛呈淡黄色，成年鸭全身羽毛白色。喙大部分为橙黄色，小部分为肉色，胫和蹼为橘红色。体形硕大，体躯前宽后窄、呈倒三角形，背部宽平，胸部丰满。公鸭头大颈粗，脚粗长；母鸭颈细长，脚细短。体躯倾斜度小，几乎与地面平行。种鸭180日龄初产，高峰期蛋重91.4克，产蛋高峰期日龄为210天，高峰期产蛋率达94%；300日产蛋期产蛋达242枚，种蛋合格率93.9%。商品肉鸭42日龄体重3.21千克，料重比2.59，全净膛率75.1%，半净膛率83.5%，腿肌率15.3%，胸肌率9.2%，腹脂率2.1%。

5. 天府肉鸭

由四川农业大学培育而成，1996年通过四川省畜禽品种审定委员会审定。

天府肉鸭体形硕大、丰满，羽毛洁白，喙、胫、蹼呈橙黄色。母鸭随着产蛋日龄的增长，颜色逐渐变浅，并出现黑斑（图2-14）。天府肉鸭父母代成年公鸭体重3 200~3 300克，母鸭体重2 800~

2 900克，180~190 日龄开产，入舍母鸭年产合格种蛋 230~250 枚，种蛋受精率 90%以上，每只母鸭可提供健雏 180~190 只。商品代 49 日龄活重3 000~3 200克，料重比 2. 7~2. 9。

图 2-14 天府肉鸭

第二节 鸭的生活习性

一、喜水合群

鸭属于水禽，喜欢在水中洗浴、嬉戏、觅食和求偶。鸭一般只在休息和产蛋的时候回到陆地上，大部分时间在水中度过。鸭性情温顺，合群性很强，很少单独行动。因此，有水面的地方可大群放牧饲养。

二、喜欢杂食

鸭嗅觉、味觉不发达，但食道容积大，肌胃发达。因此，鸭的食性很广，无论精、粗、青绿饲料都可作为鸭的饲料。

三、耐寒怕热

鸭体表羽绒层厚，羽毛浓密，尾脂腺发达，皮下脂肪厚，耐寒性强。鸭比较怕热，在炎热的夏季喜欢泡在水中，或在树阴下休息，觅食减少，采食量下降，产蛋率也下降。所以，天气炎热时要做好遮阳防暑工作。

四、反应灵敏、生活有规律

鸭的反应敏捷，能较快地接受管理训练和调教。鸭的觅食、嬉水、休息、交配和产蛋等行为具有一定的规律，如上午一般以觅食为主，下午则以休息为主，间以嬉水、觅食，晚上则以休息为主，采食和饮水甚少。交配活动则多在早晨放牧、黄昏收牧和嬉水时进行。鸭的这些生活规律一经形成就不易改变。

五、适应能力强、胆小易惊

鸭对不同的气候和环境的适应能力较鸡强，适应范围广，生活力和抗病力强。但是，鸭胆小易惊，遇到人或其他动物即突然惊叫，导致产蛋减少甚至停产。

第三节　鸭场建设要求

一、场址选择

鸭场场址的选择要根据养鸭场的性质（如商品肉鸭场、肉种鸭场）、养鸭规模（小群养殖和规模养殖鸭场建设要求不同）、自然条件（气候、地势等因素）和社会条件等因素进行综合权衡而定。通常情况下，场址的选择必须考虑以下问题。

（一）地形地势

鸭场的地形地势直接关系到排水、通风、光照等条件，这些都是养鸭过程中重要的环境因素。建设鸭场应选择地势高燥、排水性好的地方，地形要开阔整齐，不宜选择过于狭长和边角多的场地（图 2-15）。在山区鸭场建设应注意不要建在昼夜温差太大的山顶或通风不良和潮湿的山谷深洼地带，应选择在半山腰处建场。山腰坡度不宜太陡，也不能崎岖不平。宜选择南向坡地，这样可得到充足的光照，使场区保持干燥，避免冬季北风的侵袭。

图 2-15 鸭场选址

（二）土质

鸭场建设场地的土质以地下水位较低的沙壤土最好，其透水性、透气性好，容水量、吸湿性好，毛细管作用弱，导热性小，保温性能好，质地均匀，抗压性强，不利于微生物繁殖，土质不能黏性太大。黏土、沙土等土质都不适宜建设鸭场，被化学物污染或病原微生物污染过的土壤上不能建设养殖场。

（三）水源

鸭场用水包括鸭饮水、洗浴、冲圈用水和饲养管理人员的生活用水，因此要保证在水源充足、水质良好的地方建设鸭场。水源应无污染，鸭场附近无畜禽加工厂、化工厂、农药厂等污染源，离居民点不能太近，还应考虑到取水方便，减少设备投资。地下水丰富的地区可优先考虑利用地下水源。在地下 8~10 厘米深处，有机物和细菌大大减少，因此大型鸭场最好能自建深井，以保证用水的质量。水质必须抽样检查，每 100 毫升水中的大肠菌群数量不能超过5 000个。

（四）交通和电力

鸭场要求交通便利，场址要离物资集散地近些，与公路、铁路或水路相通，有利于产品和饲料的运输，降低成本。为防止噪声污染和进行防疫工作，鸭场离主要交通要道至少要 500 米，同时要修建专用道路与主要公路相连。

电力是现代养鸭场不可缺少的能源，鸭场孵化、照明、供暖保温、自动化养殖系统都需要用电，因此应有可靠的电源保障。工厂化养鸭场除要求接入电网线外，还必须自备发电设备以保证应急用电。

（五）其他配套条件

鸭场最好选择建在有广泛种植业基础的地方，这样污水处理可结合农田灌溉，种养结合，既减少了种植业化肥的投入，又降低了养鸭粪污处理成本。但要注意养殖粪污在农田的合理利用，以免造成公害。

二、鸭场布局

养鸭场内建筑物的布局合理与否，对场区环境状况、卫生防疫条件、生产组织、劳动生产率及基建投资等都有直接影响。为了合理布局建筑物，应先确定饲养管理方式、集约化程度、机械化水平以及饲料的需要量和供应情况，然后进一步确定各种建筑物的形式、种类、面积和数量。在此基础上综合考虑场地的各种因素，制定最优的养鸭场建设布局方案。

（一）鸭场的分区

一个规模化养鸭场通常分为管理区、生产区、病鸭饲养区与粪污处理区等功能区。管理区主要包括职工宿舍、食堂、办公室等生活设施和办公用房；生产区主要包括洗澡、消毒、更衣消毒室及饲养员休息室、鸭舍（育雏舍、育成舍、产蛋舍）、蛋库、饲料仓库等生产性用房；病鸭饲养与污物处理区主要包括兽医室、鸭隔离舍、厕所、粪污处理池等。肉鸭养殖业小区内依据饲养规模和占地面积应保证一定的绿化面积。小型鸭场一般遵循与规模化鸭场布局一致的原则，一般将饲养员宿舍、仓库、食堂放在最外侧，鸭舍放在最里面，以避免外来人员随便出入，同时还要方便饲料、产品的装卸和运输。

（二）建筑物的布局

鸭场要保证良好的环境进行高效率的生产，建设时除根据功能分区规划外还应考虑各个区域建筑物的布局，要从人禽保健的角度出发，以建立最佳生产联系和卫生防疫条件来合理安排各区位置。首先，应该考虑人员工作和生活集中场所的环境保护，使其尽量不受饲料粉尘、粪便气味和其他废弃物的污染；其次，要注意鸭生产群的防疫卫生，尽量杜绝污染源对生产群环境的污染。

1. 风向与地势

鸭场各种房舍要按照地势高低和主导风向，按照防疫需要的先后次序进行合理安排。综合性鸭场尤其应注意鸭群的防疫环境，不同日龄的鸭群之间也必须分成小区，并有一定的隔离设施。规划时要将职工生活和生产管理区设在全场的上风向和地势较高处，并与生产区保持一定的距离。生产区即饲养区是鸭场的核心，应设在全场的中心地带，位于管理区的下风向或与管理区的风向平行，而且要位于病鸭及污物管理区的上风向。病鸭饲养与污物管理区位于全场的下风向和地势最低处，与鸭舍要保持一定的卫生间距，最好设置隔离屏障。如果地势与风向不一致，按防疫要求又不好处理，则应以风向为主，地势服从风向，地势问题可通过挖沟、设障等方式解决。

2. 朝向

鸭舍朝南或东南最佳。场址位于河、渠水源的北坡，坡度朝南或东南，水上运动场和陆上运动场在南边，舍门也朝南或东南开。这种朝向，冬季采光面积大，有利于保暖；夏季通风好，又不受太阳直晒，具有冬暖夏凉的特点，有利于提高鸭群生产性能。另外，对于自然通风为主的有窗鸭舍或敞开式鸭舍，夏季通风是个重要问题。从单栋鸭舍来看，鸭舍的长轴方向垂直于夏季的主风向，在盛夏时可以获得良好的通风，对驱散鸭舍的热量及改善鸭群的体感温度是有利的。

3. 生产区的设计布局

生产区是鸭场的主体，设计时应根据鸭场的性质和饲养品种有所偏重，种鸭场应以种鸭舍为重点，商品肉鸭以肉鸭舍为重点，大型品种和小型品种鸭舍建筑要求也不相同。各种鸭舍之间最好设绿化带。在估算建筑面积时，要考虑鸭的品种、日龄、生产周期、气候特点等，但要留有余地，适当放宽计划，科学、周密地推算，生产时充分利用建筑面积，提高鸭舍的利用率。

三、鸭舍建设要求

鸭舍是鸭日常活动、休息和产蛋的场所，因此，鸭舍建设是否合理关系到鸭正常生产性能和遗传潜力能否充分发挥。鸭舍的基本要求是冬暖夏凉、空气流通、光线充足，便于饲养管理，容易消毒和经济耐用。一般说来，一个传统的平养鸭舍应包括鸭舍、陆上运动场和水上运动场（洗浴池）3 部分，这 3 部分面积的比例一般为 1：(1.5~2) ：(1.5~2)（图 2-16）。鸭舍室内部分是鸭生活休息的地方，基本要求是向阳干燥、通风良好、遮风挡雨、防止兽害。宽度一般 8~10 米、长度 100 米以内，便于管理和消毒。大的鸭舍要分成若干小间，小间以正方形最好。鸭虽可在水中生活，但舍内应保持干燥，不能潮湿，如果鸭舍湿度大，会使鸭多消耗热能，增加换羽次数，增加有害气体成分，容易感染疾病。因此，鸭舍场地应

图 2-16　鸭舍、运动场、洗浴池

稍高些，略向水面段倾斜，要有5°~10°的坡度，以利排水，防止积水和泥泞。鸭舍由舍内、运动场和水上运动场3个主要部分组成，各部分也要有合理的分区，如饮水区、采食区、产蛋区（图2-17）等，科学分区有利于保持鸭舍干燥整洁，便于人员管理操作，减少资源浪费。

图2-17　产蛋区铺垫料

（一）育雏舍

育雏舍主要饲养30日龄以内的雏鸭，要求温暖、干燥、保温性能良好，空气流通，电力供应稳定。房舍檐高2~2.5米即可，内设天花板，以增加保温性能（图2-18）。窗与地面面积之比一般为1∶(8~10)，南窗离地面60~70厘米，设置气窗，以便于调节空气；北窗面积为南窗的1/3~1/2，离地面100厘米左右。所有窗户与下水道外口要装上铁丝网，以防兽害。育雏舍地面最好用水泥或砖铺成，

图2-18　农户育雏舍保温屋顶

以便于消毒，并向一边略倾斜，以利排水。室内放置饮水器的地方，要有排水沟，并盖上网板，雏鸭饮水时溅出的水可漏到排水沟中排出，确保室内干燥。

为便于保温和管理，育雏室应隔成几个小栏，每栏面积 12~14 平方米，容纳雏鸭 100 只左右。规模化养鸭场条件允许时可进行分阶段育雏，即将育雏舍分成两个部分，育雏前 7 天对温度要求较高，保温设施布置多一些，空间要求较小；而后期雏鸭对环境的适应能力增强并逐渐过渡到脱温，除适当的保温设施外，可设置运动场和水池，供雏鸭在天气晴好时外出运动和洗浴。

（二）育成舍

育成阶段鸭的生活力较强，对温度的要求没有雏鸭严格，因此，育成鸭舍的建筑结构可相对简单，基本要求是能遮挡风雨、夏季通风、冬季保暖、室内干燥。但种鸭育成舍要求有较好的条件。商品肉鸭以提高增重和饲料转化效率为主要目标，目前大型肉鸭多为全程舍内网床饲养；优质小型商品肉鸭因对肉品质、瘦肉率等要求较高，饲养时间较长，鸭舍一般配备运动场，增加其活动量；种鸭育成舍一般由舍内（地面或网床）、运动场、水池 3 部分构成，饮水位置设在运动场外端，以保持舍内干燥。有些种鸭场育成舍、产蛋舍可通用，即种鸭育雏期结束后到产蛋结束淘汰均在同一鸭舍，不再转移。这样利于生产管理，可采取全进全出制度，减少了疾病传播。饲养密度应达到舍内 10 只/平方米、运动场 7~8 只/平方米。保证本场种鸭育成，育成舍应不小于 350 平方米，运动场不小于 700 平方米。

（三）种鸭舍

鸭舍有单列式和双列式两种。双列式鸭舍中间设走道，两边都有陆上运动场和水上运动场，在冬天结冰的地区不宜采用双列式。单列式鸭舍冬暖夏凉，较少受季节和地区的限制，故大多采用这种方式。单列式鸭舍走道应设在北侧。种鸭舍要求防寒、隔热性能更好，设天花板或隔热装置更好。屋檐高 2.6~2.8 米。窗与地面面积比要求 1∶8 或以上，特别在南方地区南窗应尽可能大些，离地 60~70 厘米以上的大部分做成窗；北窗可小些，离地 100~120 厘米。舍内地面用水泥或砖铺成，并有适当坡度，饮水器置于较低处，并在其下面设置排水沟。较高处设置产蛋箱或在地面铺垫较厚的塑料供鸭产蛋之用。

种鸭舍应建设运动场（面积为鸭舍的1.5~2倍）和戏水池（面积为运动场的1/3左右），戏水池布局在运动场末端，以20°左右的缓坡与运动场相接。根据饲养规模，种鸭舍建筑面积不小于600平方米，运动场不小于900平方米，戏水池不小于300平方米、戏水池深度不小于0.5米。

四、设备设施

（一）喂料设备

人工喂料主要有料筒（盆）、料槽（活动式料槽和固定式料槽），并设置护栏。使用时要根据鸭的品种类型和日龄的不同，配以大小合适的喂料器。不要让鸭进入喂料器内，以免弄脏饲料。喂料器要便于拆卸清洗和消毒。喂料器可因地制宜购买专用料筒，也可用塑料盆、旧轮胎等代用，需在上面加盖罩子（用竹条、木条或铁丝编织成）。自动喂料采用自动喂料系统，由链式喂料机或螺旋弹簧式喂料机、料槽等组成，要根据鸭的大小和密度合理设置料槽密度。

图 2-19　料槽

（二）饮水及洗浴设备

鸭饮水采取吊塔式或乳头式自动饮水系统。养殖户可采用饮水器、水槽等（图 2-20）。饮水槽除了满足鸭日常饮水所需外，还要考虑方便管理，避免浪费水，保持鸭舍清洁干燥。

（三）通风设备

鸭舍内通风按照舍内空气的流动方向有横向通风、纵向通风、联合通风 3 种。横向通风时气流从鸭舍一次进入，风机平均分布；纵向通风时风机设置于鸭舍的一侧山墙，气流从鸭舍的另一端进入；联合通风进风口均匀分布在鸭舍两侧墙壁上，鸭舍一端安装风机，并设屋顶排风机。一般采取纵向、横向通风结合使用，不管哪种通风方式，目的是将舍内污浊的空气排出，将舍外新鲜的空气送入舍内。通风设备要具有全低压、风量大、噪声低、节能、运转平稳、维修方便等特点。

图 2-20　乳头饮水器

（四）降温设备

通风设备可以起到一定的降温效果，但夏季炎热时降温设备是必不可少的，主要有湿帘降温系统、喷雾降温系统、冷风机等。湿帘降温系统主要由湿帘和风机配套组成，利用热交换的原理，使舍内空气温度降低，夏季可降温 5～8℃。湿帘降温投资少、耗能低，是目前应用最为广泛的降温系统。喷雾降温系统有夏季降温、喷雾除尘、加湿、环境消毒等作用。

（五）照明设备

光照控制设备包括照明灯、电线、电缆、控制系统和配电系统。

另外，舍内还可安装微电脑自动控制光照系统。

（六）消毒设备

消毒设备包括场区消毒设备、鸭舍喷雾消毒设备等，场区消毒设备有进出入场区、生产区、鸭舍等的消毒池、消毒盘、消毒盆、喷雾系统等，鸭舍喷雾消毒设备有背负式喷雾器、喷雾消毒车、自动喷雾系统等。

（七）清粪设备

网床养殖采取刮板式自动清粪，建有污水排放、粪便堆放及无害化处理设施（图 2–21，图 2–22）。

图 2–21　清粪机粪沟

（八）防疫设备

防疫设备包括：①喷雾消毒设备，主要有推车式高压冲洗消毒器、背负式喷雾消毒器等。②免疫接种设备，主要有连续注射器、疫苗点滴瓶、刺痘针、喷壶等。

（九）其他设备

除以上设备设施外，肉鸭场还需配备手推车、清洗机等实用的小型设备及用具，用于喂料、物料运送、清洗笼具等。

图 2-22　自动清粪机

第四节　雏鸭的饲养管理

0~4 周龄的鸭称为雏鸭（图 2-23）。雏鸭绒毛稀短，体温调节能力差；体质弱，适应周围环境能力差；生长发育快，消化能力差；抗病力差，易得病死亡。雏鸭饲养管理的好坏不仅关系到雏鸭的生长发育和成活率，还会影响到鸭场内鸭群的更新和发展、鸭群以后的产蛋率和健康状况。

图 2-23　刚出雏的鸭苗

一、育雏前的准备

（一）育雏舍和设备的检修、清洗及消毒

雏鸭阶段主要是在育雏室内进行饲养，育雏开始前要对鸭舍及其设备进行清洗和检修。目的是尽可能将环境中的微生物减至最少，保证舍内环境的适宜和稳定，有效防止其他动物的进入。

对鸭舍的屋顶、墙壁、地面以及取暖、供水、供料、供电等设备进行彻底的清扫、检修，能冲洗的要冲洗干净，鼠洞要堵死，然后再进行消毒。用石灰水或其他消毒药水喷洒或涂刷。清洗干净的设备用具需经太阳晒干。

清扫和整理完毕后在舍内地面铺上一层干净、柔软的垫料，一切用具搬到舍内，用福尔马林熏蒸法消毒。鸭舍门口应设置消毒池，放入消毒液。

对于育雏室外附近设有小型洗浴池的鸭场，在使用之前要对水池进行清理消毒，然后注入清水。

（二）育雏用具设备的准备

应根据雏鸭饲养的数量和饲养方式配备足够的保温设备、垫料、围栏、料槽、水槽、水盆（前期雏鸭洗浴用）、清洁工具等设备用具，备好饲料、药品、疫苗，制定好操作规程和生产记录表格。

（三）做好预温工作

无论采用哪种方式育雏和供温，进雏前 2~3 天对舍内保温设备要进行检修和调试，在雏鸭进入育雏室前 1 天，要保证室内温度达到育维所需要的温度，并保持温度的稳定。

二、育雏和供温方式

（一）育雏方式

常见的育雏方式有地面育雏、网上育雏和立体笼育雏 3 种，各有优缺点，农户或养殖场可根据自身条件、生产特点等来选择。

1. 地面育雏

地面平养育雏即把雏鸭放在铺有垫料的地面上饲养（图 2-24）。地面铺设稻草、麦秸、稻壳等作为垫料，厚度根据垫料的更换方式不同而改变，如果经常更换可薄一些（图 2-25）。农户饲养或规模较小时可采用此种方式。地面育雏投资小，鸭不易发生腿部疾病或胸囊肿。缺点是占地面积大，雏鸭直接与垫料、粪便接触，鸭体较脏，易感染疾病。因此，现在采用这种方式的较少。

图 2-24　地面育雏舍

图 2-25　规模化鸭场地面育雏

2. 网上育雏

网上育雏是使雏鸭离开地面，鸭、粪分离的一种育雏方式。网床一般采用塑料网、金属网或竹木栅条等材料制作。高度一般 50~80 厘米。因雏鸭脚掌小，选择网床时应注意网孔的大小，太大容易使鸭腿脚卡住受伤，太小容易积累粪便，不利于卫生（图 2-26）。网上育雏比地面育雏的育雏量大大增加，且雏鸭感染疾病的概率降低，育雏率、饲料转化率高，是目前鸭育雏采用的主要方式之一。

图 2-26　网上育雏

3. 立体笼育雏

立体笼育雏是指将雏鸭饲养在多层金属笼内，育雏笼一般 2~4 层，每格面积 1 平方米左右。这种方式可以大大提高房舍利用面积和劳动效率，但一次性投资较大。

（二）供温方式

温度是育雏成败的关键，由于雏鸭体温低、调节体温的能力差，因此育雏前期必须人工加温，各地可根据实际情况，充分利用本地资源，选择简便、节能的供温方法。

1. 电热保温伞

电热保温伞一般由金属或三合板制成，有隔热夹层，大小一般为上直径 30 厘米、下直径 100 厘米、高 70 厘米，有圆形、方形等形状，适用于平面育雏方式，每个育雏伞可育 200~300 只雏鸭。保温伞保温效果好、育雏率较高，但对电的依赖性高，无电或供电不稳定的地方不能使用（图 2-27）。

图 2–27 保温伞

2. 红外线灯

红外线灯可用于地面育雏和网上育雏的加温，是利用红外线灯发热量高的特点进行育雏的。灯离地面或网床的高度一般为 10 ~ 15 厘米，随着雏鸭日龄的增加要调整灯的高度。红外线灯育雏保温稳定、管理方便，但成本较高且也要在电力稳定的地方使用。

3. 煤炉供温

煤炉由炉灶和铁皮烟筒组成。使用时先将煤炉加煤升温后放进育雏室内，炉上加铁皮烟筒，烟筒伸出室外，烟筒的接口处必须密封，以防煤烟泄漏使雏鸡煤气中毒发生死亡。此方法适用于较小规模的养鸭户使用，方便简单、经济实用。

4. 烟道或火炕供温

烟道供暖的育雏方式对中小型鸭场较为适用。由火炉和烟道组成，火炉设在舍外，烟道修在舍内，根据育雏舍面积在室内用砖砌 1 ~ 2 条烟道，通过烟道散发的热量对地面和育雏室内空间加温。它用砖或土坯砌成，较大的育雏室可采用长烟道，较小的育雏室可采用田字形环绕烟道。在设计烟道时，烟道进口的口径应大些，通往出烟口处应逐渐变小，进口应稍低些，出烟口应随着烟道的延伸而逐渐提高，以便于暖气的流通和排烟，防止倒烟。此种方式可保证育雏舍地面干燥，成本低，育雏效果好。使用烟道供温应注意烟道不能漏气，以防煤气中毒。

5. 暖风炉或锅炉供温

暖风炉由火炉及暖风管或暖风扇组成。将火炉设在育雏舍一端，经过加热的空气通过管道上的小孔散发进入舍内，空气温度可自动控制。锅炉供暖主要有水暖型和气暖型两种，水暖型主要以热水经过管网进行热交换，升温缓慢但保温时间长；气暖型管网以气体进行热交换，升温快、降温也快。

三、雏鸭的饲料

（一）开水

刚出壳的雏鸭第一次饮水称“开水”，也叫“潮口”。先饮水后开食，是饲养雏鸭的一个基本原则，一般在出壳后 24 小时内进行。方法是把雏鸭喙浸入 30℃左右温开水中，让其喝水，反复几次，即可学会饮水。夏季天气晴朗，潮口也可在小溪中进行，把雏鸭放在竹篮内，一起浸入水中，只浸到雏鸭脚，不要浸湿绒毛。

（二）开食

一般在开水后 30 分钟左右开食。开食料选用米饭、碎米、碎玉米粉等，也可直接用颗粒料自由采食的方法进行。开食时不要用料槽或料盘，直接撒在干净的塑料布上，便于全群同时采食到饲料。

（三）饲喂次数和雏鸭料

随着雏鸭日龄的增加可逐渐减少饲喂次数，10 日龄以内白天喂 4 次，夜晚 1~2 次；11~20 日龄白天喂 3 次，夜晚 1~2 次；20 日龄后白天喂 3 次，夜晚 1 次。雏鸭料可参考此饲料配方：玉米 58.5%、麦麸 10%、豆饼 20%、国产鱼粉 10%、骨粉 0.5%、贝壳粉 1%，此外可额外添加 0.01%的禽用多维和 0.1%的微量元素。

四、雏鸭的管理

（一）及时分群，严防堆压

雏鸭在“开水”前，应根据出雏的迟早、强弱分开饲养。笼养的雏鸭，将弱雏放在笼的上层、温度较高的地方。平养的要将强雏放在育雏室的近门口处，弱雏放在鸭舍中温度最高处。第二次分群是在吃料后 3 天左右，将吃料少或不吃料的放在一起饲养，适当增加饲喂次数，比其他雏鸭的环境温度提高 1~2℃。对患病的雏鸭要单独饲养或淘汰。以后可根据雏鸭的体重来分群，每周随机抽取 5%~10%的雏鸭称重，未达到标准的要适当增加饲喂量，超过标准的要适当减少饲喂量。

（二）从小调教下水，逐步锻炼放牧

下水要从小开始训练，千万不要因为雏鸭怕冷、胆小、怕下水而停止。开始 1~5 天，可以与雏鸭“点水”（有的称“潮水”）结合起来，即在鸭篓内“点水”，第 5 天起，就可以让其自由下水活动了。注意每次下水上来，都要让雏鸭在无风温暖的地方梳理羽毛，使身上的湿毛尽快干燥，千万不可带着湿毛入窝休息。下水活动，夏季不能在中午烈日下进行，冬季不能在阴冷的早晚进行。

5 日龄以后，即雏鸭能够自由下水活动时，就可以开始放牧。开始放牧宜在鸭舍周围，适应以后，可慢慢延长放牧路线，选择理想的放牧环境，如水稻田、浅水河沟或湖塘，种植荸荠、芋艿的水田，种植莲藕、慈姑的浅水池塘等。放牧的时间要由短到长，逐步锻炼。放牧的次数也不能太多，雏鸭阶段，每天上、下午各放牧 1 次，中午休息。开始时放牧时间 20~30 分钟，以后慢慢延长，但不要超过 1.5 小时。雏鸭放牧水稻田后，要到清水中游洗一下，然后上岸理毛休息（图 2-28）。

（三）搞好清洁卫生，保持圈窝干燥

随着雏鸭日龄增大，排泄物不断增多，鸭篓和圈窝极易潮湿、污秽，这种环境会使雏鸭绒毛沾湿、弄脏，并导致病原微生物繁殖，

图 2-28　雏鸭运动洗浴

必须及时打扫干净，勤换垫草，保持篓内和圈窝内干燥清洁。换下的垫草要经过翻晒晾干，方能再用。育雏舍周围的环境，也要经常打扫，四周的排水沟必须畅通，以保持干燥、清洁、卫生的良好环境。

(四) 建立稳定的管理程序

蛋鸭具有集体生活的习性，合群性很强，神经类型较敏感，其各种行为要在雏鸭阶段开始培养。例如，饮水、吃料、下水游泳、上岸理毛、入圈歇息等，都要定时、定地，每天有固定的一整套管理程序，形成习惯后，不要轻易改变，如果改变，也要逐步进行。饲料品种和调制方法的改变也如此。

第五节　育成鸭的饲养管理

育成鸭一般指 5~16 周龄的青年鸭。育成鸭饲养管理的好坏，直接影响产蛋鸭的生产性能和种鸭的种用价值。育成鸭具有生长发育快、羽毛生长速度快、器官发育快、适应性强等特点。育成阶段要特别注意控制生长速度、群体均匀度、体重和开产日龄，使蛋鸭适时达到性成熟，在理想的开产日龄开产，迅速达到产蛋高峰，充分发挥其生产潜力。

一、育成鸭的放牧

放牧养鸭是我国传统的养鸭方式，它利用了鸭场周围丰富的天然饲料，适时为稻田除虫，同时可使鸭体健壮，节约饲料，降低成本。

（一）选择好放牧场所和放牧路线

早春放浅水塘、小河小港，让鸭觅食螺蛳、鱼虾、草根等水生生物。春耕开始后在耕翻的田内放牧，觅取田里的草籽、草根和蚯蚓、昆虫等天然动植物饲料。稻田插秧后从分蘖至抽穗扬花时，都可在稻田放牧，既除害虫杂草，又节省饲料，还增加了野生动物性蛋白的摄取量。待水稻收割后再放牧，可觅食落地稻粒和草籽，这是放鸭的最好时期（图 2-29 至图 2-32）。

图 2-29　鱼塘养鸭

图 2-30　水域放牧饲养

图 2-31　稻田养鸭

图 2-32　冬闲田养鸭

每次放牧，路线远近要适当，鸭龄从小到大，路线由近到远，逐步锻炼，不能使鸭太疲劳，往返路线尽可能固定，便于管理。过河过江时，选水浅的地方；上下河岸，选坡度小、场面宽广之处，以免拥挤践踏。在水里浮游，应逆水放牧，便于觅食；有风天气放牧，应逆风前进，以免鸭毛被风吹开，使鸭受凉。每次放牧途中，都要选择1~2个可避风雨的阴凉地方，在中午炎热或遇雷阵雨时，都要把鸭赶回阴凉处休息。

（二）采食训练与信号调教

为使鸭群及早采食和便于管理，采食训练和信号调教要在放牧前几天进行。采食训练根据牧地饲料资源情况，进行吃稻谷粒、吃螺蛳等的训练，方法是先将谷粒、螺蛳撒在地上，然后将饥饿的鸭群赶来任其采食。

信号调教是用固定的信号和动作进行反复训练，使鸭群建立起听从指挥的条件反射，以便于在放牧中收拢鸭群。

（三）放牧方法

1. 一条龙放牧法

这种放牧法一般由2~3人管理（视鸭群大小而定），由最有经验的牧鸭人（称为主棒）在前面领路，另有2名助手在后方的左右侧压阵，使鸭群形成5~10层次，缓慢前进，把稻田的落谷和昆虫吃干净。这种放牧法适于将要翻耕、泥巴稀而不硬的落谷田，宜在下午进行。

2. 满天星放牧法

即将鸭驱赶到放牧地区后，不是有秩序地前进，而是让它们散开，自由采食，先将有迁徙性的活昆虫吃掉，适当“闯鲜”，留下大部分遗粒，以后再放。这种放牧法适于干田块，或近期不会翻耕的田块，宜在上午进行。

3. 定时放牧法

群鸭的生活有一定的规律性，在一天的放牧过程中，要出现3~4次积极采食的高潮，3~4次集中休息和浮游。根据这一规律，在放牧时，不要让鸭群整天泡在田里或水上，而要采取定时放牧法。春末至秋初，一般采食 4 次，即早晨、10：00 左右、15：00 左右、傍晚前各采食 1 次。秋后至初春，气候冷，日照时数少，一般每日分早、中、晚采食 3 次。饲养员要选择好放牧场地，把天然饲料丰富的地方留作采食高潮时放牧。如不控制鸭群的采食和休息时间，整天东奔西跑，则鸭子终日处于半饥饿状态，得不到休息，既消耗体力，又不能充分利用天然饲料，是放牧鸭群的大忌。

（四）放牧鸭群的控制

鸭子具有较强的合群性，从育雏开始到放牧训练，建立起听从放牧人员口令和放牧竿指挥的条件反射，可以把数千只鸭控制得井井有条，不致糟蹋庄稼和践踏作物。当鸭群需要转移牧地时，先要把鸭群在田里集中，然后用放牧竿从鸭群中选出 10~20 只作为头鸭带路，走在最前面，叫作“头竿”，余下的鸭群就会跟着上路。只要头竿、二竿控制得好，头鸭就会将鸭群有秩序地带到放牧场地。

二、育成鸭的圈养饲养

育成鸭的整个饲养过程均在鸭舍内进行，称为圈养或关养。圈养鸭不受季节、气候、环境和饲料的影响，能够降低传染病的发病率，还可提高劳动效率。

（一）合理分群，掌握适宜密度

1. 分群

合理分群能使鸭群生长发育一致，便于管理。鸭群不宜太大，每群以 500 只左右为宜。分群时要淘汰病、弱、残鸭，要尽可能做到日龄相同、大小一致、品种一样、性别相同。

2. 保持适宜的饲养密度

分群的同时应注意调整饲养密度，适宜的饲养密度是保证青年鸭健康、生长良好、均匀整齐，为产蛋打下良好基础的重要条件。值得一提的是，在此生长期，羽毛快速生长，特别是翅部的羽轴刚出头时，稍一挤碰，就疼痛难受，密度大易相互拥挤，会引起鸭群践踏，影响生长。这时的鸭很敏感，怕互相撞挤，喜欢疏散。因此，要控制好密度，不能太拥挤。饲养密度会随鸭的品种、周龄、体重大小、季节和气温的不同而变化。冬季气温低时每平方米可以增加2~3 只，夏季气温高时可减少 2~3 只。

（二）日粮及饲喂

圈养与放牧完全不同，鸭采食不到鲜活的野生饲料，必须靠人工饲喂。圈养时要满足青年鸭生长阶段所需要的各种营养物质，饲料尽可能多样化，以保持能量与蛋白质的适当比例，使含硫氨基酸、多种维生素、矿物质都有充足的供给。育成鸭的营养水平宜低不宜高，饲料宜粗不宜精，使青年鸭得到充分锻炼，长好骨架。要根据生长发育的具体情况调整必需的营养物质，如绍鸭的正常开产日龄是 130~150 日龄，标准开产体重为 1 400~1 500克，如体重超过 1 500克，则认为超重，影响开产，应轻度限制饲养，适当多喂些青饲料和粗饲料。对发育差、体重轻的鸭，要适当提高饲料质量，每只每天的平均喂料量可掌握在 150 克左右，另加少量的动物性鲜活饲料，以促进生长发育。

育成鸭的饲料不宜用玉米、谷、麦等单一的原粮，最好是粉碎加工后的全价混合粉料，喂饲前加适量的清水，拌成湿料生喂，饮水要充足。动物性饲料应切碎后拌入全价饲料中喂饲，青绿饲料可以在两次喂饲的间隔投放在运动场，由鸭自由采食。青绿饲料不必切碎，但要洗干净。每日喂 3~4 次，每次喂料的间隔时间尽可能相等，避免采食时饥饱不均。

第六节　蛋鸭的饲养管理

母鸭从开始产蛋到淘汰（17~72 周龄）称为产蛋鸭。

一、产蛋规律

蛋用型鸭开产日龄一般在 21 周左右，28 周龄时产蛋率达 90%，产蛋高峰出现较快。产蛋持续时间长，到 60 周龄时产蛋率才有所下降，72 周龄淘汰时仍可达 75%左右。蛋用型鸭每年产蛋 220~300

枚。鸭群产蛋时间一般集中在2：00—5：00，白天产蛋很少。

二、商品蛋鸭的养管理

（一）饲养

1. 饲料配制

圈养产蛋母鸭，饲料可按下列比例配给：玉米粉40%、麦粉25%、糠麸10%、豆饼15%、鱼粉6.2%、骨粉3.5%、食盐0.3%，另外，还应补充多种维生素和微量元素添加剂。也可以根据养鸭户的能力和条件做一些替换饲料，如缺少鱼粉，可捕捞小杂鱼、小虾和蜗牛等饲喂，可以生喂，也可以煮熟后拌在饲料中喂。饲料不能拌得太黏，达到不沾嘴的程度就可以。食盆和水槽应放在干燥的地方，每天要刷洗一次。每天要保证供给鸭充足的饮水，同时在圈舍内放一个沙盆，准备足够、干净的沙子，供母鸭食用。

2. 饲喂次数及饲养密度

饲养中注意不要让母鸭长得过肥，因为肥鸭产蛋少或不产蛋。但是，也要防止母鸭过瘦，过瘦也不产蛋。每天要定时喂食，母鸭产蛋率不足30%时，每天应喂料3次；产蛋率在30%~50%时，每天应喂料4次；产蛋率在50%以上时，每天喂料5次。鸭夜间每次醒来，大多都会去吃料或去喝水。因此，对产蛋母鸭在夜间一定要喂料1次。对产蛋的母鸭要尽量少喂或者不喂稻糠、酒糟之类的饲料。在圈舍内饲养母鸭，饲养的数量不能过多，每平方米6只较适宜，如有30平方米的房子，可以养产蛋鸭180只左右。

（二）圈舍的环境控制

圈舍内的温度要求在10~18℃。0℃以下母鸭的产蛋量就会大量减少，到-4℃时，母鸭就会停止产蛋。当温度上升到28℃时，由于气温过热，鸭吃食减少，产蛋也会减少，并会停止产蛋，开始换羽。因此，温度管理的重点是冬天防寒，夏天防暑。在寒冷地区的冬天，产蛋母鸭圈舍内要烧火炉取暖，以提高舍内温度。要给母鸭喝温水，喂温热的料，增加青绿饲料，如白菜等，以保证母鸭的营养需要。

另外，要减少母鸭在室外运动场停留的时间。夏季天气炎热时，要将鸭圈的前后窗户打开，降低鸭舍内的温度，同时要保持鸭圈舍内的干燥，不能向地面洒水（图 2-33，图 2-34）。

图 2-33　种鸭地面饲养

图 2-34　鸭地面垫料饲养

（三）不同阶段的管理

1. 产蛋初期（开产至 200 日龄）和前期（201~300 日龄）

不断提高饲料质量，增加饲喂次数，每日喂 4 次，每日每只 150 克料。光照逐渐加至 16 小时。此期内蛋重增加，产蛋率上升，体重要维持开产时的标准，不能降低，也不能增加。要注意蛋鸭初产习性的调教。设置产蛋箱（图 2-35，图 2-36），每天放入新鲜干燥的垫草，并放鸭蛋作“引蛋”，晚上将产蛋箱打开。为防止蛋鸭晚间产蛋时受伤害，舍内应安装低功率节能灯照明。这样经过 10 天左右的调教，绝大多数鸭便去产蛋箱产蛋。

图 2-35　个体性能测定产蛋窝

图 2-36　个体产蛋箱

2. 产蛋中期（301~400 日龄）

此期内的鸭群因已进入产蛋高峰期而且持续产蛋 100 多天，体力消耗较大，对环境条件的变化敏感，如不精心饲养管理，难以保持高产蛋率，甚至引起换羽停产，因而这也是蛋鸭最难饲养的阶段。此期内日粮中的粗蛋白质水平比产蛋前期要高，达 20%；并特别注意钙的添加，日粮含钙量过高影响适口性，为此可在粉料中添加 1%~2%的颗粒状钙，或在舍内单独放置钙盆，让鸭自由采食，并适量喂给青绿饲料或添加多种维生素。光照时间稳定在 16 小时。

3. 产蛋后期（401~500 日龄）

产蛋率开始下降，这段时间要根据体重与产蛋率来定饲料的质量与数量。如体重减轻，产蛋率 80%左右，要多加动物性蛋白；如体重增加，发胖，产蛋率还在 80%左右，要降低饲料中的代谢能或增喂青料，蛋白质保持原水平；如产蛋率已下降至 60%左右，就要降低饲料水平，此时再加好料产蛋量也不能恢复。80%产蛋率时保持 16 小时光照，60%产蛋率时增加到 17 小时。

4. 休产期的管理

产蛋鸭经过春天和夏天几个月的产蛋后，在伏天开始掉毛换羽。自然换羽时间比较长，一般需要 3~4 个月，这时母鸭就不产蛋了，为了缩短换羽时间，降低喂养成本，让母鸭提早恢复产蛋，可采用人工强制的方法让母鸭换羽。

三、种鸭的饲养管理

鸭产蛋留作种用的称种鸭。种鸭与产蛋鸭的饲养管理基本相同，不同的是，养产蛋鸭只是为了得到商品食用蛋，满足市场需要，而养种鸭，则是为了得到高质量的可以孵化后代的种蛋。所以，饲养种鸭要求更高，不但要养好母鸭，还要养好公鸭，才能提高受精率。

（一）选留

留种的公鸭经过育雏、育成期、性成熟初期 3 个阶段的选择，选出的公鸭外貌符合品种要求，生长发育良好，体格强壮，性器官发育健全，第二性征明显，精液品质优良，性欲旺盛，行动矫健灵活。种母鸭要选择羽毛紧密，紧贴身体，行动灵活，觅食能力强，骨骼发育好，体格健壮，眼睛突出有神，嘴长，颈长，身长，体形外貌符合品种（品系）要求的标准。

（二）饲养

有条件的饲养场所饲养的种公鸭要早于母鸭1~2月龄，使公鸭在母鸭产蛋前已达到性成熟，这样有利于提高种蛋受精率。育成期公、母鸭分开饲养，一般公鸭采用以放牧为主的饲养方式，让其多采食野生饲料，多活动，多锻炼。饲养上既能保证各器官正常生长发育，又可以防止过肥或过早性成熟。对开始性成熟但未达到配种期的种公鸭，要尽量早地放牧，少下水，减少公鸭间的相互嬉戏、爬跨，以防形成恶癖。

营养上除按母鸭的产蛋率高低给予必需的营养物质外，还要多喂维生素、青绿饲料。维生素E能提高种蛋的受精率和孵化率，饲料中应适当增加，每千克饲料中加25毫克，不低于20毫克。生物素、泛酸不仅影响产蛋率，而且对种蛋受精率和孵化率影响也很大。同时，还应注意不能缺乏含色氨酸的蛋白质饲料，色氨酸有助于提高种蛋的受精率和孵化率，饼、粕类饲料中色氨酸含量较高，配制日粮时必须加入一定饼、粕类饲料和鱼粉。种鸭饲料中尽量少用或不用菜籽粕、棉籽粕等含有毒素影响生殖功能的原料。

（三）公、母的合群与配比

青年阶段公、母鸭分开饲养。为了使得同群公鸭之间建立稳定的序位关系，减少争斗，使公、母鸭之间相互熟悉，在鸭群将要达到性成熟前进行合群。合群晚会影响公鸭对母鸭的分配，相互间的争斗和争配对母鸭的产蛋有不利影响。

公、母配比是否合适对种蛋的受精率影响很大。国内蛋用型麻鸭体型小而灵活，性欲旺盛，配种能力强，其公、母配比在春、冬季为1∶18，夏、秋季为1∶20，这样的性比例可以保持高的种蛋受精率；康贝尔鸭公、母配比为1∶（15~18）比较合适。

在繁殖季节，应随时观察鸭群的配种情况，发现种蛋受精率低，要及时查找原因。首先要检查公鸭，发现性器官发育不良、精子畸形等不合格的个体要淘汰，发现伤残的公鸭要及时调出补充。

（四）提高配种效率

自然配种的鸭，在水中配种比在陆地上配种的成功率高，其种蛋的受精率也高。种公鸭在每天的清晨和傍晚配种次数最多。因此，天气好应尽量早放鸭出舍，迟关鸭舍，增加户外活动时间。如果不是建在水库、池塘和河渠附近则种鸭场必须设置水池，最好是流动水，要延长放水时间，增加活动量。若是静水应常更换，保持水清洁不污浊。

（五）及时收集种蛋

种蛋清洁与否直接影响孵化率。每天清晨要及时收集种蛋，不让种蛋受潮、受晒、被粪便污染，尽快进行熏蒸消毒。种蛋在垫草上放置的时间越长所受的污染越严重。

母鸭的产蛋时间一般 2：00—4：00，冬季稍迟。应及时拣蛋，每天至少拣蛋 3 次，光照后 1 小时开始拣第一次，3~5 小时后进行第二次拣蛋，第三次拣蛋在下午进行。用 5%新洁尔灭洗蛋，并用毛刷轻轻刷掉蛋壳上的粪便等污物，但不能破坏蛋壳胶膜（图 2-37）。种蛋贮存在 13~15℃的环境中，存放时种蛋小头向下。如存放时间较长，则须翻蛋。

图 2-37　处理干净的鸭蛋

收集种蛋时，要仔细地检查垫草下面是否埋有鸭蛋；对于伏卧在垫草上的鸭要赶起来，看其身下是否有鸭蛋。

第七节　肉鸭的饲养管理

肉鸭分大型肉鸭和中型肉鸭两类。大型肉鸭又称快大鸭或肉用仔鸭，一般养到 50 天，体重可达 3 000克左右，中型肉鸭一般饲养 65~70 天，体重达 1 700~2 000克。

一、肉仔鸭的饲料管理

（一）环境条件及其控制

1. 温度

雏鸭体温调节机能较差，对外界环境条件有一个逐步适应的过程，保持适当的温度是育雏成败的关键。

2. 湿度

若舍内高温低湿会造成干燥的环境，很容易使雏鸭脱水，羽毛发干。但湿度也不能过高，高温高湿易诱发多种疾病，这是养禽最忌讳的环境，也是球虫病最易暴发的条件。地面垫料平养时特别要防止高湿。因此育雏第 1 周应该保持稍高的湿度，一般相对湿度为 65%，以后随日龄增加，要注意保持鸭舍的干燥。要避免漏水，防止粪便、垫料潮湿。第 2 周湿度控制在 60%，第 3 周以后为 55%。

3. 通风

保温的同时要注意通风，排出潮湿气最为重要。良好的通风可以保持舍内空气新鲜，有利于保持鸭体健康、羽毛整洁，夏季通风还有助于降温。开放式育雏时维持舍温 21~25℃，尽量打开通气孔和通风窗，加强通风。

4. 光照

光照可以促进雏鸭的采食和运动，有利于雏鸭健康生长。商品雏鸭 1 周龄要求保持 24 小时连续光照，2 周龄要求每天 18 小时光照，2 周龄以后每天 12 小时光照，至出栏前一直保持这一水平。但光的强度不能过强，白天利用自然光，早、晚提供微弱的灯光，只要使雏鸭能看见采食即可。

5. 密度

密度过大，雏鸭活动不开，采食、饮水困难，空气污浊，不利于雏鸭生长；密度过小使房舍利用率低，多消耗能源，不经济。育雏期饲养密度的大小要根据育雏室的结构和通风条件来定，一般每平方米饲养 1 周龄雏鸭 25 只，2 周龄为 15~20 只，3~4 周龄 8~12 只，每群以 200~250 只为宜。

（二）雏鸭的饲养管理

1. 选择

肉用商品雏鸭必须来源于优良的健康母鸭群，种母鸭在产蛋前已经免疫接种过鸭瘟、禽霍乱、病毒性肝炎等疫苗，以保证雏鸭在育雏期不发病。所选购的雏鸭大小基本一致，体重在 55~60 克，活泼，无大肚脐、歪头拐脚等，毛色为蜡黄色，太深或太淡均淘汰。

2. 分群

雏鸭群过大不利于管理，环境条件不易控制，易出现惊群或挤压死亡，所以为了提高育雏率，应进行分群管理，每群 200~250 只。

3. 饮水

水对雏鸭的生长发育至关重要，雏鸭在开食前一定要先饮水。在雏鸭的饮水中加入适量的维生素 C、葡萄糖、抗生素，效果会更好，既增加营养又提高雏鸭的抗病力。提供饮水器数量要充足，不能断水，但也要防止水外溢。

4. 开食

雏鸭出壳 12~24 小时或雏鸭群中有 1/3 的雏鸭开始寻食时进行第一次投料，饲养肉用雏鸭用全价的小颗粒饲料效果较好，如果没有这样的条件，也可用半生米加蛋黄饲喂，几天后改用营养丰富的全价饲料饲喂。

5. 饲喂方法

第1周龄的雏鸭应让其自由采食，保持饲料盘中常有饲料，一次投喂不可太多，防止饲料长时间吃不掉被污染而引起雏鸭生病或者浪费饲料，因此要少喂常添，第一周按每只鸭子35克饲喂，第二周105克，第三周165克。

6. 预防疾病

肉鸭网上密集化饲养，群体大且集中，易发生疫病。因此，除加强日常的饲养管理外，要特别做好防疫工作。饲养至20日龄左右，每只肌内注射鸭瘟弱毒疫苗1毫升；30日龄左右，每只肌内注射禽霍乱菌苗2毫升，平时可用0.01%~0.02%的高锰酸钾饮水，效果也很好。

二、育肥期的饲养管理

肉用仔鸭从4周龄到上市这个阶段称为生长育肥期。根据肉用仔鸭的生长发育特点，进行科学的饲养管理，使其在短期内迅速生长，达到上市要求。

（一）舍饲育肥

育肥鸭舍应选择在有水塘的地方，用砖瓦或竹木建成，舍内光线较暗，但空气流通。育肥时舍内要保持环境安静，适当限制鸭的活动，任其饱食，供水不断，定时放到水塘活动片刻。这样经过10~15天肥育饲养，可增重250~500克。

（二）放牧育肥

南方地区采用较多，与农作物收获季节紧密结合，是一种较为经济的育肥方法。通常一年有3个肥育饲养期，即春花田时期、早稻田时期、晚稻田时期。事先估算这3个时期作物的收获季节，把鸭养到40~50日龄，体重达到2 000克左右，在作物收割时期，体重达2 500克以上，即可出售屠宰。

（三）填饲育肥

1. 填饲期的饲料调制

肉鸭的填肥主要是用人工强制鸭子吞食大量高能量饲料，使其在短期内快速增重和积聚脂肪。当体重达到 1 500~1 750克时开始填肥。前期料中蛋白质含量高，粗纤维也略高；而后期料中粗蛋白质含量低（14%~15%），粗纤维略低，但能量却高于前期料。

2. 填饲量

填喂前，先将填料用水调成干糊状，用手搓成长约 5 厘米，粗约 1.5 厘米，重 25 克的剂子。一般每天填喂 4 次，每次填饲量为：第 1 天填 150~160 克，第 2~3 天填 175 克，第 4~5 天填 200 克，第 6~7 天填 225 克，第 8~9 天填 275 克，第 10~11 天填 325 克，第 12~13 天填 400 克，第 14 天填 450 克，如果鸭的食欲好则可多填，应根据情况灵活掌握。

3. 填饲管理

填喂时动作要轻，每次填喂后适当放水活动，清洁鸭体，帮助消化，促进羽毛的生长。舍内和运动场的地面要平整，防止鸭跌倒受伤；舍内保持干燥，夏天要注意防暑降温，在运动场搭设凉棚遮阳，每天供给清洁的饮水。白天少填晚上多填，可让鸭在运动场上露宿。鸭群的密度为前期每平方米 2.5~3 只，后期每平方米 2~2.5 只，始终保持鸭舍环境安静，减少应激，闲人不得入内，一般经过 2 周左右填肥，体重在 2 500克以上便可上市出售。

第三章　鹅的生态养殖

第一节　鹅的生理特点与生活习性

一、生理特点

（一）鹅的消化生理特点

鹅的消化道发达，喙扁而长，边缘呈锯齿状，能截断青饲料。食管膨大部较宽，富有弹性，肌胃肌肉厚实，肌胃收缩压力强。食量大，每天每只成年鹅可采食青草 2 千克左右。因此，鹅对青饲料的消化能力比其他禽类要强。

（二）鹅的生殖生理特点

1. 季节性

鹅繁殖存在明显的季节性，主要产蛋季在冬、春两季。

2. 就巢性

鹅具有很强的就巢性。在一个繁殖周期中，每产一窝蛋后就要停产抱窝。

3. 择偶性

公母鹅有固定配偶交配的习惯。有的鹅群中有 40% 的母鹅和 22%的公鹅是单配偶。

4. 繁殖时间长

母鹅的产蛋量在开产后的前 3 年逐年提高，到第四年开始下降。

种母鹅的经济利用年限可长达4~5年之久，公鹅也可利用3年以上。因此，为了保证鹅群的高产、稳产，在选留种鹅时要保持适当的年龄结构。

二、生活习性

鹅有很多生活习性与鸭相同，如喜水合群、反应灵敏、生活有规律、耐寒等。另外，鹅还有一些特殊的习性。

（一）食草性

鹅是较大的食草性水禽，肌胃、盲肠发达，能很好地利用草类饲料，因此，能大量食用青绿饲料。

（二）警觉性

鹅听觉灵敏，警惕性高，遇到陌生人或其他动物，就会高声叫或用喙啄击，用翅扑击，国外有的地方用鹅看家。

（三）等级性

鹅有等级次序，饲养时应保持鹅群相对稳定，防止因打斗而影响正常生产力的发挥。

第二节　雏鹅的饲养管理

0~4周龄的幼鹅称为雏鹅。该阶段雏鹅体温调节机能差，消化道容积小，消化吸收能力差，抗病能力差，此期间饲养管理的重点是培育出生长速度快、体质健壮、成活率高的雏鹅。

一、选择

雏鹅质量的好坏，直接影响雏鹅的生长发育和成活率。健康的雏鹅体重大小符合本品种要求，绒毛洁净而有光泽，眼睛明亮有神，活泼好动，腹部柔软，抓在手中挣扎有力，叫声响亮。腹部收缩良好，脐部收缩完全，周围无血斑和水肿。雏鹅的绒毛、喙、跖、蹼的颜色等应符合本品种要求，跖和蹼伸展自如、无弯曲。

二、饲养

（一）潮口

雏鹅出壳后12~24小时先饮水，第一次饮水称为“潮口”。多数雏鹅会自动饮水，对个别不会自动饮水的雏鹅要人工调教，把雏鹅放入深度3厘米的水盆中，可把喙浸入水中，让其喝水，反复几次即可。饮水中加入0.05%高锰酸钾，可以起到消毒饮水、预防肠道疾病的作用；加入5%葡萄糖或按比例加入速溶多维，可以迅速恢复雏鹅体力，提高成活率。

（二）开食

必须遵循“先饮水后开食”的原则。开食时间一般以饮水后15~30分钟为宜。一般用黏性较小的籼米和“夹生饭”作为开食料，最好掺一些切成细丝状的青菜叶、莴苣叶、油菜叶等。第一次喂食不要求雏鹅吃饱，吃到半饱即可，时间为5~7分钟。过2~3小时后，再用同样的方法调教采食。一般从3日龄开始，用全价饲料饲喂，并加喂青饲料。为便于采食，粉料可适当加水拌湿。

（三）饲喂次数及饲喂方法

要饲喂营养丰富、易于消化的全价配合饲料和优质青饲料。饲喂时要先精后青，少吃多餐。

三、环境控制

（1）温度。雏鹅自身调节体温的能力较差，饲养过程中必须保证均衡的温度。保温期的长短，因品种、气温、日龄和雏鹅的强弱而异，一般需保温2~3周（图3-1）。

（2）湿度。地面垫料育雏时，一定要做好垫料的管理工作，防止垫料潮湿、发霉。在高温高湿时，雏鹅体热散发不出去，容易引起“出汗”，食欲减少，抗病力下降；在低温高湿时，雏鹅体热散失加快，容易患感冒等呼吸道疾病和拉稀。

（3）通风。夏秋季节，通风换气工作比较容易进行，打开门窗

图 3-1 雏鹅饲养

即可完成。冬春季节，通风换气和室内保温容易发生矛盾。在通风前，先使舍温升高 2～3℃，然后逐渐打开门窗或换气扇，避免冷空气直接吹到鹅体。通风时间多安排在中午前后，避开早晚时间。

四、管理

（一）及时分群

雏鹅刚开始饲养，一般每群 300～400 只。分群时按个体大小、体质强弱来进行。第一次分群在 10 日龄时进行，每群 150～180 只；第二次分群在 20 日龄时进行，每群 80～100 只；育雏结束时，按公母分栏饲养（图 3-2）。在日常管理中，发现残、瘫、过小、瘦弱、食欲不振、行动迟缓者，应早作隔离饲养、治疗或淘汰。

（二）适时放牧

放牧日龄应根据季节、气候特点而定。夏季，出壳后 5~6 天即可放牧；冬春季节，要推迟到 15～20 天后放牧。刚开始放牧应选择无风晴天的中午，把鹅赶到棚舍附近的草地上进行，时间为 20～30 分钟。以后放牧时间由短到长，牧地由近到远。每天上下午各放牧一次，中午赶回舍中休息。上午放牧要等到露水干后进行，以 8：00—10：00

图 3-2　雏鹅及时分群饲养

为好；下午要避开烈日暴晒，在 15：00—17：00 进行。

（三）做好疫病预防工作

雏鹅应隔离饲养，不能与成年鹅和外来人员接触。定期对雏鹅、鹅舍进行消毒。购进的雏鹅，首先要确定种鹅有无用小鹅瘟疫苗免疫，如果种鹅未接种，雏鹅在 3 日龄皮下注射 10 倍稀释的小鹅瘟疫苗 0.2 毫升，1~2 周后再接种 1 次；也可不接种疫苗，对刚出壳的雏鹤注射高免血清 0.5 毫升或高免蛋黄 1 毫升。

第三节　肉用仔鹅的饲养管理

饲养 90 日龄作为商品肉鹅出售的称为肉用仔鹅。

一、饲养

（一）选择牧地和鹅群规格

选择草场、河滩、湖畔、收割后的麦地、稻田等地放牧。牧地附近要有树林或其他天然屏障，若无树林，应在地势高燥处搭简易凉棚，供鹅遮阳和休息。放牧时确定好放牧路线，鹅群大小以250~300只一群为宜，由2人管理放牧；若草场面积大，草质好，水源充足，鹅的数量可扩大到500~1 000只，需2~3人管理。

农谚有“鹅吃露水草，好比草上加麸料”的说法，当鹅尾尖、身体两侧长出毛管，腹部羽毛长满、充盈时，实行早放牧，尽早让鹅吃上露水草。40日龄后鹅的全身羽毛较丰满，适应性强，可尽量延长放牧时间，做到“早出牧，晚收牧”。出牧与放牧要清点鹅数。

（二）正确补料

若放牧期间能吃饱喝足，可不补料；若肩、腿、背、腹正在脱毛，长出新羽时，应该给予补料。补料量应看草的生长状态与鹅的膘情体况而定，以充分满足鹅的营养需求为前提。每次补料量，小型鹅每天每只补100~150克，中、大型鹅补150~250克。补饲一般安排在中午或傍晚。补料调制一般以糠麸为主，掺以甘薯、瘪谷和少量花生饼或豆饼。日粮中还应注意补给1%~1.5%骨粉、2%贝壳粉和0.3%~0.4%食盐，以促使骨骼正常生长，防止软脚病和发育不良。一般来说，30~50日龄时，每昼夜喂5~6次，50~80日龄喂4~5次，其中夜间喂2次。参考饲料配方如下。

肉鹅育雏期：玉米50%、鱼粉8%、麸（糠）皮40%、生长素1%、贝壳粉0.5%、多种维生素0.5%，然后按精料与青料1∶8的比例混合饲喂。

育肥期：玉米20%、鱼粉4%、麸（糠）皮74%、生长素1%、贝壳粉0.5%、多种维生素0.5%，然后按精料与青料2∶8的比例混合制成半干湿饲料饲喂。

（三）观察采食情况

凡健康、食欲旺盛的鹅动作敏捷抢着吃，不择食，一边采食一边摆脖子往下咽，食管迅速增粗，嘴呷不停地往下点；凡食欲不振者，采食时抬头，东张西望，嘴呷含着料不下咽，头不停地甩动，或动作迟钝，呆立不动，此状况出现可能是患病，要挑出隔离饲养。

二、管理

（一）鹅群训练调教

要本着“人鹅亲和，循序渐进，逐渐巩固，丰富调教内容”的原则进行鹅群调教。训练合群，将小群鹅并在一起喂养，几天后继续扩大群体。训练鹅适应环境、放牧，培育和调教“头鹅”，使其引导、爱护、控制鹅群。放牧鹅的队形为狭长方形，出牧与收牧时驱赶速度要慢，放牧速度要做到空腹快，饱腹慢，草少快，草多慢。

（二）做好游泳、饮水与洗浴

游泳增加运动量，提高羽毛的防水、防湿能力，防止发生皮肤病和生虱。选水质清洁的河流、湖泊游泳、洗浴，严禁在水质腐败、发臭的池塘里游泳。(图 3-3) 收牧后进舍前应让鹅在水里洗掉身上污泥，舍外休息、喂料，待毛干后再赶到舍内。凡打过农药的地块必须经过 15 天后才能放牧。

图 3-3　游泳、饮水、洗浴

（三）搞好防疫卫生

鹅群放牧前必须注射小鹅瘟、副黏病毒病、禽流感、禽霍乱疫苗。定期驱除体内外寄生虫。饲养用具要定期消毒，防止鼠害、兽害。

三、育肥

肉鹅经过15~20天育肥之后，膘肥肉嫩，胸肌丰厚，味道鲜美，屠宰率高，产品畅销。生产上常有以下4种育肥方法。

（一）放牧育肥

当雏鹅养到50~60日龄时，可充分利用农田收割后遗留下来的谷粒、麦粒和草籽来育肥。放牧时，应尽量减少鹅的运动，搭临时鹅棚，鹅群放牧到哪里就在哪里留宿。经10~15天的放牧育肥后，就地出售，防止途中掉膘或伤亡。

（二）棚育肥

用竹料或木料搭一个棚架，架底离地面60~70厘米，以便于清粪。棚架四周围以竹条，食槽和水槽挂于栏外，鹅在两竹条间伸出头来采食、饮水。育肥期间以稻谷、碎米、番薯、玉米、米糠等碳水化合物含量丰富的饲料为主。日喂3~4次，最后一次在22：00喂饲。

（三）圈养育肥

常用竹片（竹围）或高粱杆围成小栏，每栏养鹅1~3只，栏的大小不超过鹅的2倍，高为60厘米，鹅可在栏内站立，但不能昂头鸣叫，经常鸣叫不利育肥。饲槽和饮水器放在栏外。白天喂3次，晚上喂一次。饲料以玉米、糠麸、豆饼和稻谷为主。为了增进鹅的食欲，隔日让鹅下池塘水浴一次，每次10~20分钟，浴后在运动场日光浴，梳理羽毛，最后赶鹅进舍休息。

（四）填饲育肥

即“填鹅”，是将配制好的饲料填条，一条一条地塞进食管里强制鹅吞下去，再加上安静的环境，活动减少，鹅就会逐渐肥胖起来，肌肉丰满、鲜嫩。此法可缩短育肥期，肥育效果好，主要用于肥肝鹅生产。

第四章　家禽疾病诊断及防控技术

第一节　禽流感

一、临床症状

禽流感在禽类引起很大危害的主要是两种，一种是由 H9 亚型禽流感病毒引起的低致病性禽流感，另一种是由 H5 亚型禽流感病毒引起全身感染的高致病性禽流感。H9 亚型禽流感死亡率较低，感染雏鸡主要出现呼吸道的病变，开始时流鼻涕、咳嗽、流泪，严重时张口呼吸；H9 亚型禽流感在产蛋鸡主要表现为采食量正常、精神良好，产蛋量突然下降。如果 H9 亚型禽流感病毒与大肠杆菌等混合感染，会导致死亡率明显升高，高可达到 60%。H5 亚型禽流感病毒引起的高致病性禽流感死亡率高，从开始出现症状后死亡数只，到一周后出现大批量的死亡，易感鸡群从出现症状开始 7~10 天内死亡率可达 100%。病鸡面部肿胀，鸡冠和肉髯发绀，拉黄绿色稀粪，部分发病鸡可出现神经症状。

图 4-1 显示的为高致病性禽流感病死鸡胸肌和腿肌大面积出血；图 4-2 显示的为高致病性禽流感病死鸡腹部脂肪点状出血。

二、防控措施

疫苗免疫是预防禽流感的有效手段，目前，应用的疫苗均为油乳剂灭活疫苗。应在对鸡群进行定期抗体监测的基础上合理调整免疫程序，避免免疫不足或免疫过频。

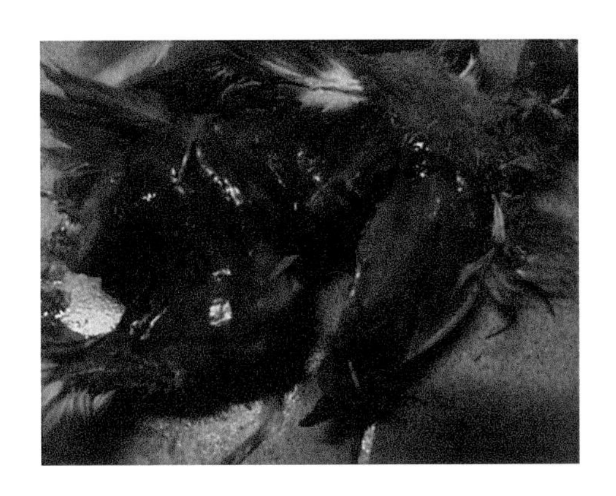

图 4-1　胸肌和腿肌出血

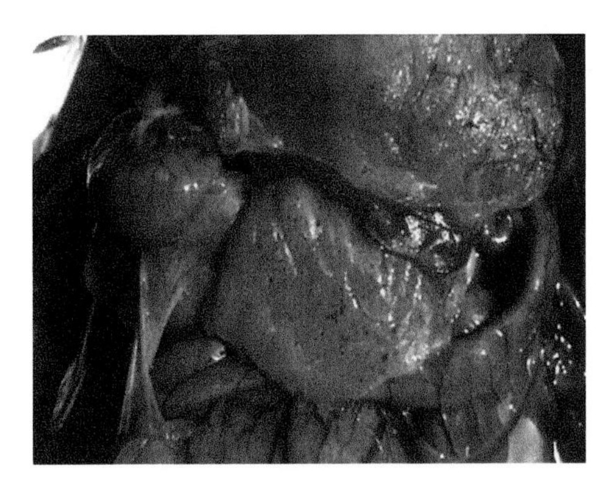

图 4-2　腹部脂肪点状出血

发生高致病性禽流感的鸡场要及时全群扑杀，做好尸体和粪便的无害化处理，对环境进行彻底消毒。

执行严格的生物安全措施。由于水禽（包括家养水禽和野生水禽）是禽流感病毒主要的天然储存宿主，因此，养殖场除要定期进行常规消毒外，还要避免多种家禽混养，同时也要采取防范措施防止蛋鸡与野生禽类的接触，以防止外来病毒传入。

第二节　新城疫

一、临床症状

根据鸡群的年龄、免疫情况或病毒毒力的不同，新城疫引起的疾病危害程度不同。新城疫临床上分为最急性型、急性型、亚急性型和慢性型。最急性型常见于雏鸡或非免疫鸡群，不表现明显临床症状而突然死亡，死亡率高达100%。急性型病初表现为体温升高，食欲减退，精神委顿，拉黄绿色稀粪，随后出现呼吸道症状，病鸡常张口呼吸，气管发出啰音，病程长的出现扭头和肢、翅的麻痹等神经症状。亚急性型和慢性型的症状与急性型相似，但较为缓和。

青年和成年鸡群一般经历多次疫苗接种，具有不同程度的免疫力，即使感染新城疫强毒，也很少发生典型的病症和死亡，而出现所谓“非典型”新城疫。当商品肉鸡的免疫程序不当时，可能发生典型新城疫，出现高发病率和死亡率。在产蛋鸡群，“非典型”新城疫主要表现为一时性产蛋下降，或诱发不同程度的呼吸道症状。如蛋壳颜色变浅，软皮蛋、沙壳蛋和畸形蛋比例增加。病程一般在1~2个月，鸡群死亡率一般不超过5%。

图4-3显示的为发病鸡出现呼吸道症状，张口呼吸；图4-4显示的为发病鸡出现神经症状，头颈扭曲。

二、防控措施

加强检疫、执行严格的生物安全措施以及采取全进全出的养殖制度对防止野毒传入具有重要作用。

疫苗免疫是目前控制该病最有效的措施，常用的疫苗包括弱毒活疫苗和灭活疫苗两种。生产中一般先用弱毒疫苗进行基础免疫，然后用灭活疫苗进行加强免疫，免疫保护期一般可达4~6个月。在制订免疫程序时，一定要以抗体监测数据为依据，合理确定免疫时间和免疫次数，应避免在高抗体水平时进行疫苗免疫接种，尤其是

图 4-3　病鸡张口呼吸

图 4-4　病鸡出现神经症状，头颈扭曲

弱毒疫苗免疫。

在产蛋期应注意加强饲养管理，防止各种应激造成免疫力下降而引起发病。

目前对该病没有有效的治疗方法，发病以后可适当使用抗生素控制细菌性继发感染。

第三节　传染性支气管炎

一、临床症状

本病特征性症状是喘息、咳嗽、打喷嚏、气管发出啰音、流鼻涕和眼睛湿润。症状的严重程度因感染日龄、毒株类型以及是否存在其他病原的混合感染而存在很大的差异。1 月龄以内的幼鸡呼吸道症状较为严重，病鸡群精神不振，食欲减少，扎堆。成年鸡感染后呼吸道症状一般较为轻微，有的鸡群仅表现为一过性的呼吸道症状，但发病鸡群可表现为产蛋下降，蛋的品质下降（蛋白稀薄如水样），畸形蛋、薄壳蛋等次品蛋增多。母鸡在幼龄时期感染后还可影响生殖系统的发育，导致性成熟后不能正常产蛋而成为“假母鸡”肾型毒株感染的鸡群，除可能出现呼吸道症状，还常表现持续性白色水样下痢，迅速消瘦，饮水量增加。

图 4-5 显示的为雏鸡感染后精神不振，畏寒，呆立在热源附近；图 4-6 显示的为病鸡气管内有大量黏液。

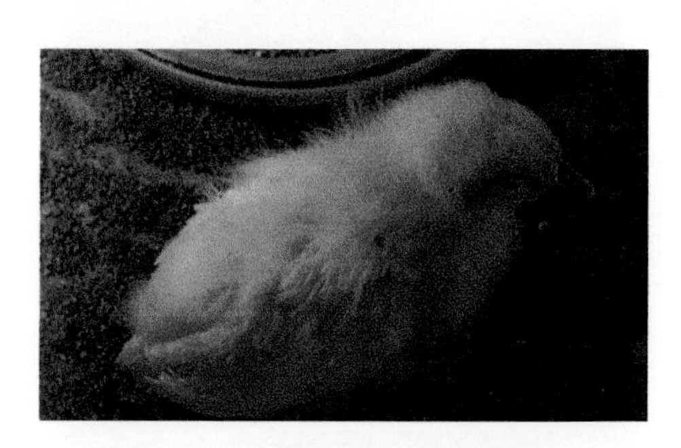

图 4-5　感染雏鸡呆立在热源附近

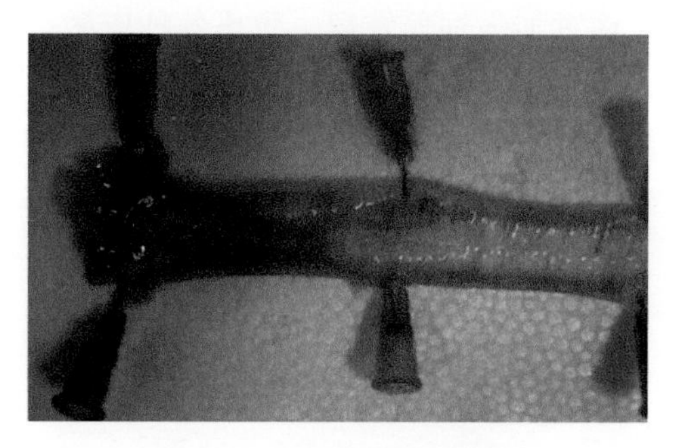

图 4-6　气管内有大量黏液

二、防控措施

防制本病的最有效的方法是使用疫苗进行免疫预防，目前，商品化的疫苗主要包括弱毒活疫苗和灭活疫苗两类。弱毒活疫苗主要在早期进行，使鸡群在母源抗体水平下降之后能够迅速建立起特异性的早期保护性免疫应答。灭活疫苗一般在开产之前使用，以保护鸡群避免由于发生传染性支气管炎而导致的产蛋下降。由于传染性支气管炎病毒血清型众多，不同血清型之间交叉保护性较低甚至完全不能保护，因此，有条件的鸡场应在流行病学监测的基础上根据流行的病毒血清型合理选择疫苗毒株。此外，严格的生物安全措施、良好的饲养管理和舒适的鸡舍环境也是控制本病非常关键的因素。

对于发病鸡群尚无有效的治疗措施，可选择使用适当的抗生素以防治细菌的继发感染。对于肾型传染性支气管炎，可在饮水中添加 1 克/升的水杨酸钠以改善发病鸡的肾脏机能。对于早期感染而引起的“假母鸡”，一般无继续饲养的价值，可加强观察，及时淘汰。产蛋鸡群感染后引起的产蛋下降一般经过一段时间后可自然恢复到一定的水平。

第四节 传染性喉气管炎

一、临床症状

传染性喉气管炎的临床症状因感染毒株的毒力不同而存在较大差异。强毒株可引起鸡急性呼吸道症状，病初表现为流泪和湿性啰音，随后出现咳嗽和喘气。严重病例高度呼吸困难，病鸡常伸长脖颈张口呼吸，可咳出带血的痰液。发病鸡的死亡原因一般是由于气管堵塞而窒息死亡，最急性病例可于 24 小时左右死亡，多数 5~10 天或更长，不死者一般经 10~14 天恢复。毒力较弱的毒株引起发病时，流行比较缓和，发病率低，症状较轻，仅表现为生长缓慢，产蛋减少，有时有结膜炎、眶下窦炎、鼻炎及气管炎，病程可长达 1

个月，死亡率一般较低（<2%）。

图 4-7，图 4-8 显示的为特征性的症状，病鸡呼吸极度困难，伸颈张口呼吸，在同群鸡羽毛上和鸡舍内物体表面可见病鸡咳出的带血痰液；剖检显示不同程度的气管病变，早期可见气管黏液增多，严重病例黏液中混有大量血液，后期气管黏膜脱落及在气管中形成黄白色纤维素性干酪样假膜。

图 4-7　病鸡呼吸困难，羽毛上有同群鸡咳出的血痰

图 4-8　病鸡伸颈张口呼吸，口角有带血痰液

二、防控措施

疫苗的免疫接种能有效预防传染性喉气管炎的发生，目前，常用的疫苗主要是弱毒活疫苗，由于疫苗毒株存在一定的残余毒力，因此，在接种时应严格按照推荐剂量使用，严禁随意增加免疫剂量以免导致严重的副作用。由于弱毒疫苗在鸡体内连续传代后存在毒力返强的风险，因此，对于从未发生该病的地区不推荐进行疫苗接种。近年来推出的以鸡痘病毒或火鸡疱疹病毒为载体的基因工程疫苗在应用中显示出良好的免疫保护效果，且安全性更佳。

由于传染性喉气管炎病毒具有潜伏感染的特性，病鸡、康复鸡、外表无症状的带毒鸡均可能成为该病的传染源，因此，在疫区实行全进全出的养殖模式对该病的防控具有重要的意义。

该病发生后一般无特异性的治疗措施，可根据情况选用适当的抗生素预防细菌继发性感染。

第五节　马立克氏病

一、临床症状

马立克氏病可引起多种不同的临床表现。

(1) 内脏型。感染鸡群表现高死亡率和内脏肿瘤，是临床最为常见的类型。病鸡精神沉郁、严重消瘦，死亡率为0%~60%。多发于4~90周龄。

(2) 神经型。由于病毒侵害的外周神经（坐骨神经、臂神经、迷走神经）不同，病鸡可表现出腿、翅的单侧性、进行性麻痹，有时也会出现颈的麻痹，发生颈部麻痹时，病鸡无法进行正常采食。这种类型在蛋鸡多发于8~20周龄，死亡率0%~20%。

(3) 眼型。为病毒侵害眼部所致，病鸡虹膜增生褪色，瞳孔收缩，边缘不整，似锯齿状，严重的可导致完全失明。

(4) 急性死亡综合征。是发现时间较短的一种临诊类型，病鸡精神沉郁，死亡之前发生昏迷，一般症状出现24小时内发生死亡。

（5）一过性麻痹。该类型临床上较为少见。病鸡突发性麻痹或瘫痪，一般持续24~48小时后症状即完全消失，偶见死亡。一般发生于5~12周龄。

淋巴细胞肿瘤是鸡马立克氏病最常见的剖检病变。淋巴细胞肿瘤可在一种或多种器官中发生，几乎涉及所有器官，肝脏、脾脏、肾脏、肺、生殖腺（尤其是卵巢）、心脏和骨骼肌较为常见，肿瘤组织表面常可见弥漫性灰白色坏死灶或凸起的结节。

神经病变也是较为常见的特征性病变，受侵害的外周神经（坐骨神经、臂神经、迷走神经）增粗，横纹消失。

图4-9显示的为病鸡坐骨神经受侵害而出现的肢体麻痹；图4-10显示的为病鸡极度消瘦。

图4-9　病鸡肢体麻痹，呈“劈叉”样姿势

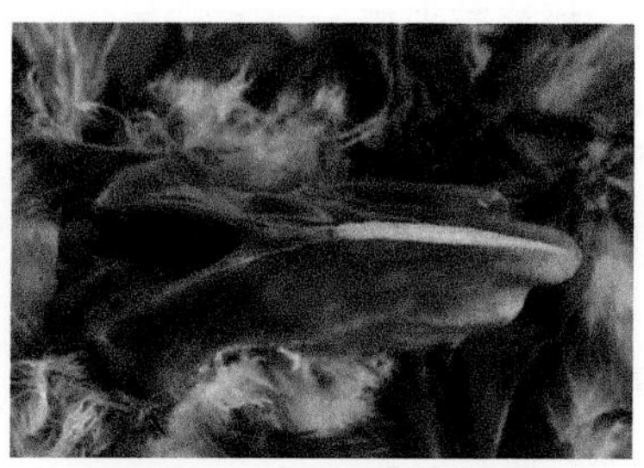

图4-10　病鸡极度消瘦

二、防控措施

1日龄和胚胎接种马立克氏病疫苗是预防本病最有效的方法。目前，常用的疫苗包括血清Ⅰ型的CVI988疫苗和血清Ⅲ型的火鸡疱疹病毒疫苗，其中，CVI988疫苗为液氮苗，在疫苗保存和运输过程中应随时检查液氮的挥发程度，以免液氮过度挥发引起疫苗病毒失活。

由于疫苗免疫后需要一周以上时间才能建立起较为坚强的特异性免疫保护，因此加强卫生措施防止孵化室和育雏期的早期感染同样至关重要。

疫苗免疫只能提供临床保护，但不能阻止强毒的感染，健康成年鸡群健康带毒的现象非常普遍，且病毒可通过羽囊排出体外，排出的病毒对外界环境因素具有较强的抵抗力，可通过呼吸道途径感染其他易感鸡群，因此采取全进全出的养殖制度对于防止强毒在不同年龄鸡群间的水平传播具有重要的意义。

第六节　禽白血病

一、临床症状

禽白血病一般在 14 周龄以后开始发病，在性成熟期发病率最高。病鸡精神委顿，全身衰弱，进行性消瘦和贫血，鸡冠、肉髯苍白。病鸡食欲减少或废绝，腹泻，产蛋停止。腹部常明显膨大，用手按压可摸到肿大的肝脏，最后病鸡衰竭死亡。缺乏明显临床症状的感染鸡，能引起产蛋性能降低。

近几年国内发现一种由 J 亚群白血病病毒感染引起的蛋鸡血管瘤，主要在开产期前后发病，导致产蛋率下降，死淘率最高能达到 20%。血管瘤通常单个发生于皮肤、足底部等部位，在脚趾、翼部、胸部皮肤有米粒大至黄豆大血疱或在皮下形成血肿，当瘤壁破溃时，会引起大量出血，多数病鸡由于失血过多而死亡。

肿瘤病变是淋巴细胞白血病的主要病变，肿瘤主要发生于肝脏、脾脏、肾脏，也可见于法氏囊、心肌、性腺、骨髓、肠系膜和肺等部位。肿瘤呈结节性或弥漫性，灰白色到淡黄白色，大小不一，切面均匀一致，很少有坏死灶。

血管瘤的特征是血管腔高度扩张，管壁很薄。部分病鸡在肝脏和脾脏等部位也可形成血管瘤，在剖检过程中经常可以见到肝脏血管瘤破裂导致腹腔充满大量血凝块。

图 4-11 显示的为发病鸡鸡冠苍白；图 4-12 显示的为病鸡由于肝脏形成肿瘤而导致腹部极度膨大。

图 4-11　病鸡鸡冠苍白

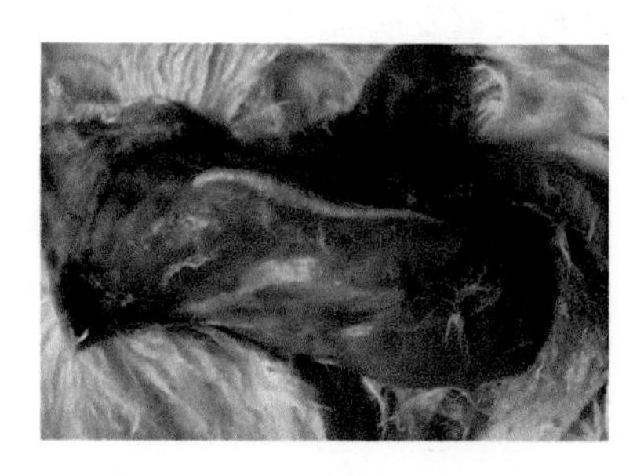

图 4-12　病鸡腹部极度膨大

二、防控措施

本病目前尚无切实可行的治疗方法，也没有有效的疫苗，最理想的防治措施是进行种鸡群的净化，培育无禽白血病病毒感染的鸡群。

在消灭垂直传播的同时，为防止水平传播，应经常或定期对孵化间、鸡舍和笼具进行严格消毒。

第七节　沙门氏菌病

一、临床症状

不同血清型的沙门氏菌在蛋鸡可引起鸡白痢、禽伤寒和禽副伤寒 3 种不同形式的疾病。鸡白痢在 3 周龄以内的雏鸡可引起很高的发病率和死亡率，病鸡食欲下降、精神沉郁、闭眼、嗜睡，常见白色粪便黏附于肛门周围，病鸡由于排便困难而发出尖叫，少数鸡由于细菌侵入脑部而出现神经症状；3 周龄以上的鸡感染症状较为轻微；成年鸡主要表现为慢性感染，病鸡消瘦、食欲减退、产蛋量下降。禽伤寒常见于青年鸡和成年鸡，主要表现为精神委靡、食欲不振、饮欲增加，拉黄色类便。禽副伤寒与鸡白痢的临床症状相似。

图 4-13 显示的为鸡白痢病鸡精神委顿，闭眼。图 4-14 显示的

为鸡白痢发病雏鸡卵黄吸收不良。

图 4-13　病鸡精神委顿

图 4-14　雏鸡卵黄吸收不良

二、防控措施

由于沙门氏菌可以垂直传播，因此，种鸡群的净化是控制沙门氏菌病最有效的措施。尤其是对于鸡白痢和禽伤寒，可通过定期的血清学检测，及时淘汰阳性鸡，以减少传染源，目前，常用的方法为玻板凝集试验。

加强饲养管理，保持饲料和饮水的清洁、卫生，做好环境消毒，定期进行灭鼠工作，采取有效措施防止野禽进入养殖区。

目前，除肠炎沙门氏菌疫苗已在生产中应用外，尚无其他沙门氏菌疫苗用于临床。对于阳性率较高的鸡群，可在饲料中添加适当的抗生素进行预防性用药，但应杜绝滥用药物或长期连续使用某种药物以免诱发细菌耐药性。对发病鸡群可以使用敏感药物进行治疗，常用的有氟哌酸、强力霉素等药物。

第八节　大肠杆菌病

一、临床症状

本病临床症状因发病日龄、感染菌株毒力、是否存在混合感染以及环境因素等而存在较大差异。经种蛋垂直传播的雏鸡表现为脐炎，腹部膨大，脐孔及周围皮肤发紫，一般1~10日龄内因出血性败血症而死亡。雏鸡经呼吸道感染可引起明显的呼吸道症状，病鸡咳嗽、打喷嚏。病程较长的雏鸡会引起腹泻，拉黄绿色稀粪。发病鸡一般生长发育不良，食欲下降，不愿走动。成年鸡感染会导致产蛋下降，产蛋高峰期缩短。有的鸡发生全眼球炎，导致一侧或两侧眼睛失明。部分发病鸡由于发生关节滑膜炎而导致跛行。

图4-15显示的为病死雏鸡卵黄吸收不良；图4-16显示的为气囊炎，气囊浑浊，不均匀增厚，表面有纤维素性渗出物。

二、防控措施

由于大肠杆菌的血清型很多，疫苗免疫一般不能达到很好的效果，采取的防治措施主要是加强饲养管理。首先是卫生和环境，其次注意通风和保温。

发病时可选择敏感药物进行治疗，常用的药物有氟哌酸、羟氨苄青霉素、庆大霉素及磺胺类药物等，但应注意轮换用药，在病情控制后及时休药，以免长期使用药物导致肝脏和肾脏的损伤，同时

图 4-15　卵黄吸收不良

图 4-16　气囊炎

也可避免耐药菌株的出现。

第九节　球虫病

一、临床症状

鸡球虫病主要发生在 30~80 日龄，出现腹泻、血便、消瘦等症状。图 4-17 显示的为病死鸡消瘦，胸部没有太多肌肉；图 4-18 显示的为小肠病变，肠管膨胀，小肠黏膜上有很多小的突起，刮取小肠黏膜镜检可见大量球虫裂殖体或球虫卵囊。

图 4-17　病鸡消瘦

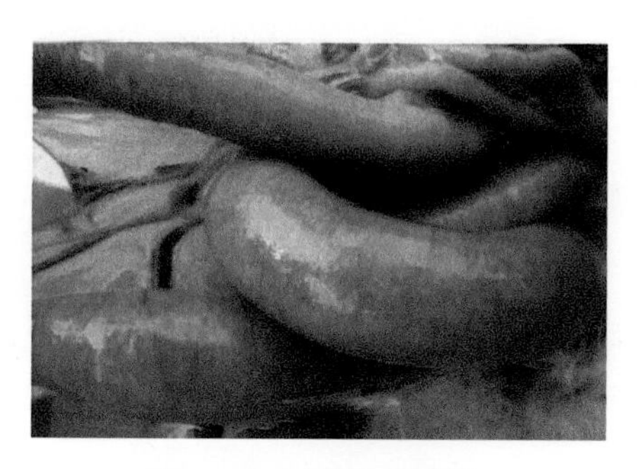

图 4-18　小肠肠管膨大

二、防控措施

对易发球虫的群体可以适量添加药物（如地克珠利）进行预防；如果发病可以使用一些药物进行治疗，如磺胺类药物和地克珠利等交替使用。应用商品化的球虫疫苗来免疫鸡群，也可以达到防止该病发生的目的。

加强饲养管理，鸡舍一定要保持干燥，及时清除粪便。常规的消毒药对球虫没有效果。

第十节　鸭病毒性肝炎

一、临床症状

发病初期表现为精神沉郁，呈昏睡状（图 4–19）软弱无力，缩颈垂翅，行动呆滞或跟不上群，严重病鸭多侧卧，发生全身性抽搐，两腿呈划水样动作，头向背部弯曲，呈典型的角弓反张的姿势。喙端和爪尖淤血呈暗紫色，部分病鸭死前尖叫，排黄白色和绿色稀粪（图 4–20）。

图 4–19　病鸭精神沉郁，呈昏睡状

图 4–20　病鸭精神沉郁，排黄白色稀粪

肝脏表现为体积肿大，质脆易碎，表面有出血点或出血斑和灰白色或灰黄色的坏死灶。胆囊肿大呈长卵圆形，充满墨绿色或褐色胆汁。脾脏肿大，表面呈斑驳状。胰腺表面及切面有针尖大小灰白色病灶，有时见散在分布的出血点或出血斑。肾脏肿大，有时可见尿酸盐沉积。

二、防控措施

（一）预防

严格的防疫和消毒制度、坚持自繁自养和全进全出的饲养管理模式是预防本病的重要措施。

（1）从健康鸭群引进种苗，严格执行消毒制度。

（2）接种疫苗是有效的预防措施。可用鸡胚化鸭病毒性肝炎Ⅰ型弱毒疫苗给临产种母鸭皮下注射免疫，共2次，每次1毫升，间隔2周。未经免疫的种鸭群，雏鸭出壳后1日龄皮下注射0.5~1.0毫升弱毒疫苗即可受到保护。在疫区对雏鸭也可于1~2日龄皮下注射DVH-1高免卵黄液或高免血清作被动免疫预防。在一些卫生状况较差，常发生病毒性肝炎的养殖场，雏鸭在10~14日龄时仍需进行一次主动免疫。

（3）一旦暴发本病，立即隔离病鸭，并对鸭舍或水域进行彻底消毒。

（二）治疗

对发病雏鸭群可用康复鸭血清、高免血清或标准DVH-1高免卵黄抗体注射治疗，同时注意控制继发感染，能起到降低死亡率、制止流行和预防发病的作用。

第十一节　小鹅瘟

一、临床症状

最急性型无任何前躯症状，病雏鹅突然倒地，两肢乱划，几小时后死亡。急性型病雏鹅精神委顿、离群、嗜睡，食欲减退，甚至废绝，嗉囊松软，饮水增多。鼻孔流出浆液性分泌物，常摇头，甩鼻液。排灰白或黄绿色稀粪，全身有脱水症状，死前两肢麻痹或抽搐。亚急性型病鹅以精神委顿、拉稀和消瘦为主要症状，稀粪中混有多量气泡和未消化的饲料及纤维碎片。

最急性型病例除肠道有急性卡他性炎症外，其他器官一般无明显病变。急性病例表现为全身性败血症变化，心肌松弛，呈苍白色，无光泽。肝脏肿大，呈暗红色或黄红色，胆囊肿大，充满暗绿色胆汁。特征性病变为小肠发生急性卡他性、纤维素性坏死性炎症。小肠中下段整片肠黏膜坏死脱落，与凝固的纤维性渗出物形成栓子或包裹在肠内容物表面的假膜，堵塞肠腔，外观极度膨大，质地坚实，状如香肠。亚急性型病例，其肠道的病理变化与急性型相似，且更为明显。

二、病例对照

患病雏鹅表现为精神委顿、肛门周围羽毛有粪便沾污，喙端色泽变深、发绀，角弓反张、全身抽搐等神经症状（图 4-21）。小鹅瘟初期表现为黏液性卡他性肠炎，肠黏膜有小点状出血；病程稍长，小肠段膨大增粗（图 4-22），腔内形成肠栓，但质地如烂泥状；后期小肠中后段明显膨大增粗，形成特征性凝固性腊肠状栓子，质地较硬，肠壁菲薄，肠栓与肠壁完全分离。

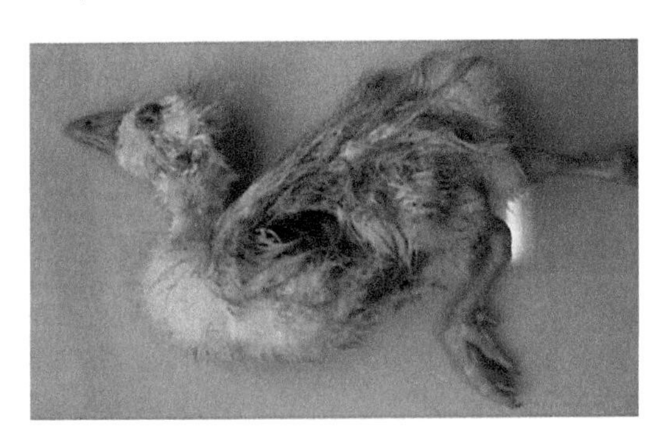

图 4-21　患鹅角弓反张、全身抽搐等神经症状

图 4-22　患鹅小肠段膨大

三、防控措施

（一）预防

（1）在未发病的受威胁地区，母鹅产蛋前接种小鹅瘟弱毒疫苗。在本病严重流行的地区，可用小鹅瘟弱毒疫苗甚至强毒苗免疫母鹅是预防本病最经济有效的方法。

（2）对缺乏母源抗体的雏鸭，在出壳后 48 小时内，应注射雏鹅小鹅瘟弱毒疫苗，或紧急预防注射抗小鹅瘟高免血清。

（3）加强种蛋和孵化场的消毒。孵化房中的一切用具设备，在每次使用前必须清洗消毒，种蛋用福尔马林熏蒸消毒，以阻断传播途径和污染环节。

（二）治疗

各种抗菌药物对本病均无治疗作用。对于已经发病的雏鹅，临诊上用抗小鹅瘟高免血清皮下注射，可及时控制本病的流行。

第十二节　鸭黄病毒病

一、临床症状

种鸭发病初期采食量突然下降，随之产蛋率大幅下降，可从90%以上降至 10%以内。病鸭发病率可达 100%，死淘率 5%～15%。流行后期有神经症状，表现为瘫痪、行走不稳。发病期间种蛋受精率下降 10%。

剖检主要病变为卵巢严重充血、出血、坏死，脑充血，部分鸭只肝脏表面散在分布大小都不一的坏死结节。

患病蛋鸭瘫痪（图 4-23）；卵泡充血、变性、坏死、液化（图 4-24）；脾脏肿大，呈斑驳状；肝脏肿大，呈土黄色，表面有针尖大小灰白色坏死点；心外膜出血。

图 4-23　蛋鸭瘫痪

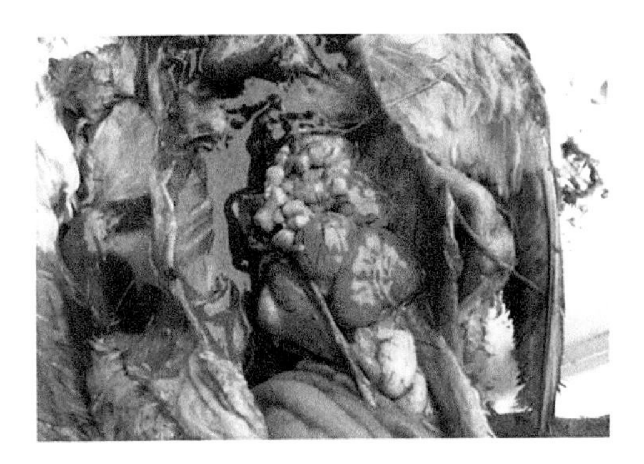

图 4-24　卵泡充血、变性

二、防治措施

（一）预防

在发病流行期间，必须封栋、封场，做好饲养人员的生活安排，管理人员与生产人员必须隔离。加强生物安全措施，加强消毒，特别是垫料的消毒及处理、病死鸭的焚烧或生物处理等。

（二）治疗

目前对鸭黄病毒的感染尚无特效药物用于治疗。可使用转移因子溶液配合中药治疗，也可使用干扰素与氧氟沙星联合用药，同时使用多维、中药以扶正解毒、清热燥湿，适当使用抗生素防止继发感染。

第十三节　鸡传染性法氏囊病

一、临床症状

主要发生于2~15周龄的鸡，3~6周龄的鸡最易感。病鸡是主要的传染源，通过直接和间接接触传播。发生时往往为突然发病，3天后开始死亡，5~7天达到死亡高峰。

病鸡精神极度衰弱，排白色黏稠或水样稀便，剖检可见腿肌、胸肌出血，法氏囊肿胀，黏膜出血，腺胃乳头有明显出血，肾脏肿胀（图4-25）。

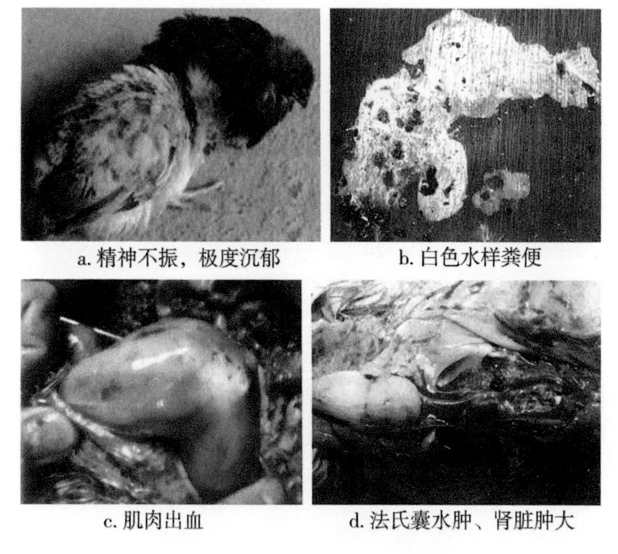

a. 精神不振，极度沉郁　b. 白色水样粪便

c. 肌肉出血　d. 法氏囊水肿、肾脏肿大

图4-25　鸡传染性法氏囊病

二、防控措施

本病尚无有效防治药物，预防接种、被动免疫是控制本病的主要方法，同时加强饲养管理及消毒工作。

受严重威胁的感染鸡群或发病鸡群注射高免蛋黄或高免血清，可有效地控制死亡率。同时投服速效管囊散或法氏克等药物，针对出血和肾功能减退，对症投服肾脏解毒药、多种维生素，可缓解病情，减少死亡。

第十四节　鸡　痘

一、临床症状

由病毒引起的一种接触性传染病。各种年龄和品种的鸡都能感染，但以夏初到秋季蚊虫出现季节多发。

皮肤、口角、鸡冠等处出现痘疹，在口腔、喉头和食管黏膜上发生白喉性假膜。可分 3 种类型，即皮肤型、白喉型和混合型，偶有败血型发生。

皮肤型鸡痘特征是在身体无毛和少毛部位，特别是冠、髯和眼皮、口角等处形成干燥、粗糙、呈棕黄色的大的结痂（图 4-26a）。

白喉型鸡痘特征是口腔和咽喉黏膜形成黄白色干酪样的一层假膜（图 4-26b、图 4-26c），病鸡呼吸和吞咽困难，发出一种“咯咯”的怪叫声。

混合型鸡痘特征是皮肤和口腔黏膜同时发生病变，在有些病例中可看到（图 4-26d）。偶见败血型，呈现严重的全身症状，随后发生肠炎，有腹泻，并引起死亡。

二、防控措施

预防鸡痘最有效的方法是在夏末秋初接种鸡痘疫苗。目前尚无特效治疗药物，主要采用对症疗法，以减轻病鸡的症状。皮肤上的

a. 皮肤型鸡痘

b. 口腔有病灶

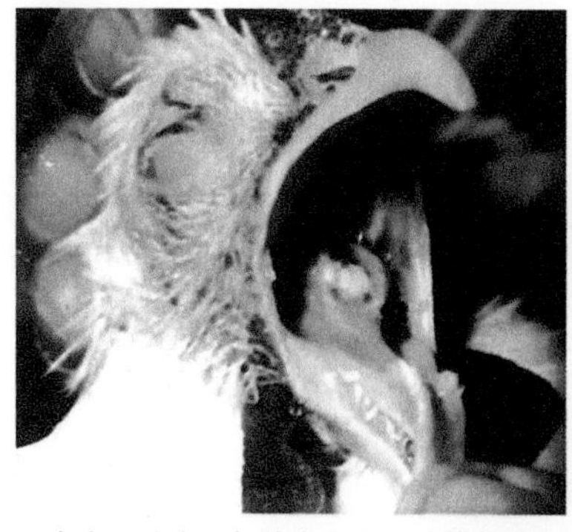
c. 白喉型鸡痘，气管喉头有干酪样物质堵塞

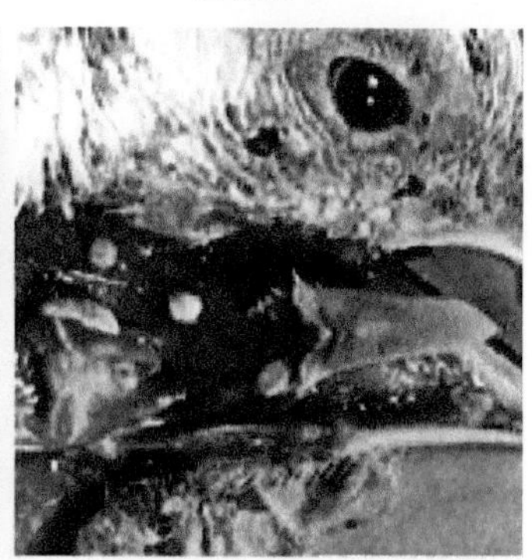
d. 头部、上腭部、食管痘斑

图 4-26　鸡痘症状

痘痂，可用清洁镊子小心剥离，伤口涂碘酊或紫药水。患白喉型鸡痘时，喉部黏膜上的假膜用镊子剥掉，用 0.1%高锰酸钾溶液洗后，涂擦碘甘油或氯霉素软膏、鱼肝油，可减少窒息死亡。

第十五节　鸡白痢

一、临床症状

以 3 周龄以内雏鸡多发，病鸡和带菌鸡是主要的传染源，种鸡通过带菌卵而传播，病雏鸡的粪便和飞绒中含有大量病原菌，污染饲料、饮水、孵化器、育雏器等，因此可通过消化道、呼吸道感染。

表现为排稀薄如水的粪便，有的因粪便干结封住肛门。剖检可见心肌、肺、肝、盲肠及肌胃有坏死灶或结节，盲肠内有干酪样物质，脾脏、肾脏肿大，成鸡卵子变形（图 4-27）。

a.鸡精神沉郁，缩头闭眼

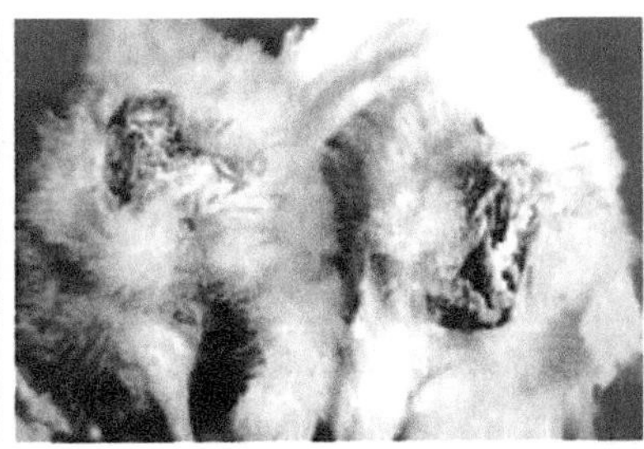

b.排白色稀粪，肛门周围被粪便沾污，糊肛

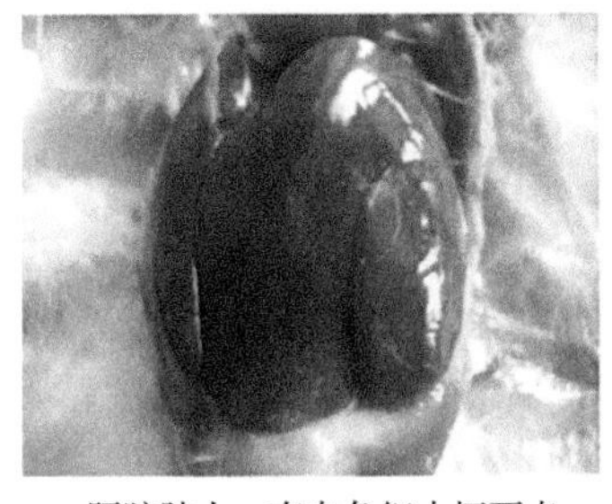

c.肝脏肿大，有白色细小坏死点

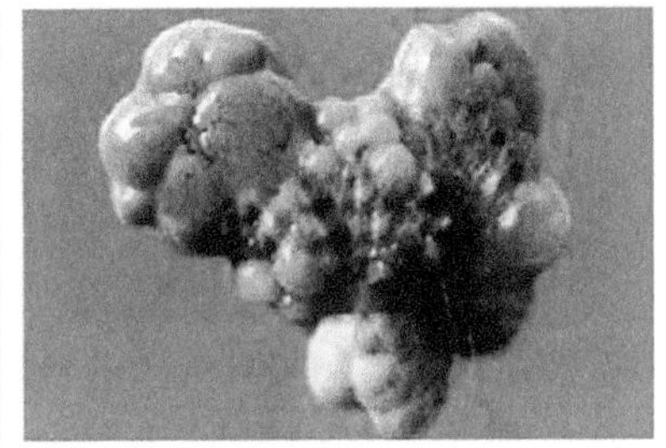

d.卵泡变性、坏死

图 4-27　鸡白痢症状

二、防控措施

从净化鸡白痢的正规种鸡场购入雏鸡；预防性投药，2~7 天在饲料中添加诺氟沙星每千克体重 100 毫克；加强饲养管理，尤其注意保温，搞好环境卫生与消毒。

第十六节　鸡蛔虫病

一、临床症状

以 2~3 月龄鸡多发，5~6 月龄鸡有较强抵抗力，1 年以上的鸡多为带虫者。鸡采食被感染虫卵污染的饲料、饮水等而感染。

鸡的肠道内有少量蛔虫寄生时看不出明显症状。雏鸡和 3 月龄以下的青年鸡被寄生时，蛔虫的数量往往较多，初期症状也不明显，随后逐渐精神不振，食欲减退，羽毛松乱，翅膀下垂，冠髯、可视黏膜及腿脚苍白，生长滞缓，消瘦衰弱，腹泻和便秘交替出现，有时粪便中有蛔虫排出。成年鸡一般不呈现症状，严重感染时出现腹泻、贫血和产蛋量减少。

剖检常见病尸明显贫血，消瘦，肠黏膜充血、肿胀、发炎和出血。局部组织增生，蛔虫大量突出部位可用手摸到明显硬固的内容物堵塞肠管，剪开肠壁可见有多量蛔虫扭结在一起呈绳状（图 4-28）。

图 4-28　鸡蛔虫病

二、防控措施

实行全进全出制；及时清除鸡粪并定期铲除表土，堆积发酵；防止带虫的成年鸡感染青年鸡发病；对鸡群定期进行驱虫。驱虫药物可选用驱蛔灵，每千克体重 250 毫克，混料一次内服；驱虫净，每千克体重 40~60 毫克，混料一次内服；左旋咪唑，每千克体重 10~20 毫克，溶于水中内服；丙硫苯咪唑，每千克体重 10 毫克，混料一次内服。

第十七节　鸡羽虱

一、临床症状

本病一年四季均可发生，但冬季较严重。羽虱经接触或经饲料包装物等用具携带传入，感染后传播迅速，往往波及全群，放养鸡发生率较高。

羽毛脱落，皮肤损伤，精神不安，发痒，体重减轻，消瘦和贫血，鸡冠发白，雏鸡生长发育不良，母鸡产蛋率下降，蛋壳质量变差。严重感染时，可见鸡体表（图 4-29）、墙壁、地面鸡笼、料槽等处有大量羽虱，甚至喂料时，羽虱可爬上饲养员的手、脚、脸部，叮咬皮肤，使人感到奇痒难受。

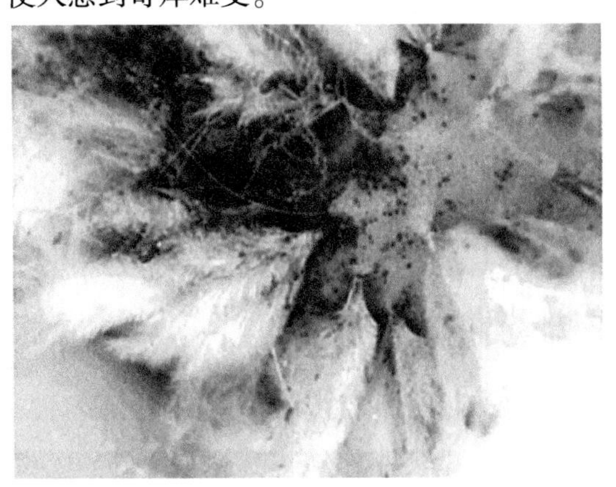

图 4-29　鸡羽虱

二、防控措施

个体治疗可选用撒粉或喷粉法，即用 0.5%敌百虫、5%氟化钠、5%硫黄粉，把药粉撒在或借助喷粉器喷撒在鸡翼下、双腿内侧、胸、腹和羽虱的其他寄生部位，使药物直接接触到虱体，才能把虱杀死。也可用药浴法，将整只鸡（露出头）浸在 0.1%敌百虫溶液中，待鸡的全身羽毛、皮肤接触到药液时，即将鸡取出。此法宜在温暖、晴天进行，以防感冒。

大群治疗可用“特效灭虱精”，每5毫升药液对水5~10升，喷洒鸡的全身各部位，至轻度淋湿即可，间隔2~3天再喷洒1次。

第十八节　啄食癖

一、临床症状

春、冬季节易发。饲养密度大、营养缺乏等是引起啄食癖的主要原因，外寄生虫侵袭、皮肤外伤出血、母鸡输卵管脱垂等也是诱发啄食癖的因素。

啄食癖是啄肛癖、啄羽癖、啄趾癖、啄蛋癖等恶癖的统称，是放养鸡饲养中最常见的恶癖。一旦发生，鸡只互相啄食，常引起胴体等级下降，甚至死亡，造成经济损失。

具体表现为互相啄食，造成创伤或引起死亡。

一是啄肛癖雏鸡和产蛋鸡最为常见。尤其是雏鸡患白痢病时，病雏肛门周围羽毛粘有白灰样粪便，其他雏鸡就不断啄食病鸡肛门，造成肛门破伤和出血，严重时直肠脱出，很快死亡。产蛋鸡产蛋时泄殖腔外翻，被待产母鸡看见后啄食，往往引起输卵管脱垂和泄殖腔炎（图4–30a）。

二是啄羽癖各种年龄的鸡群均有发生，但以产蛋鸡、青年鸡换羽时较多见，以翼羽、尾羽刚长出时为严重。常表现为自食羽毛或互相啄食羽毛，有的鸡只被啄去尾羽、背羽，几乎成为“秃鸡”或被啄得鲜血淋淋（图4–30b）。

三是啄趾癖多在雏鸡中发生。表现啄食脚趾，引起流血或跛行，甚至脚趾被啄光。

四是啄蛋癖主要发生于产蛋鸡群。表现为自产自食和互相啄食蛋现象。

a.被啄肛的鸡

b.被啄伤鸡的翅膀

图 4-30　鸡啄食癖

二、防控措施

针对发病原因采取相应措施。

一是于 9~12 日龄进行断喙，是防治啄食癖一种较好的方法。

二是合理配合饲料，特别是一些重要的氨基酸（如蛋氨酸、色氨酸、赖氨酸等）、维生素和微量元素不能缺少。试验证明，在日粮中添加 0. 2%的蛋氨酸，能够减少啄食癖的发生。

三是啄羽癖可能是由饲料中硫化物不足引起。在饲料中补充硫化钙粉（把天然石膏磨成粉末即可），用量为每只鸡补充 0. 5~3 克/天，效果很好。或在日粮中加入 2%~3%的羽毛粉。

四是及时挑出啄食鸡。鸡群一旦发现啄食癖，应立即将被啄的鸡只移出饲养，对有啄食癖的鸡也可单独饲养或淘汰。有外伤、脱肛的病鸡应及时隔离饲养和治疗，在被啄伤口上涂上与其毛色一致和有异味的消毒药膏及药液，如鱼石脂、磺胺软膏、碘酊、紫药水等，切忌涂红药水（红汞）。

五是改善环境和加强管理。鸡舍通风要好，饲养密度不宜过大，光线不能太强。料槽、饮水器应足够。饲喂应定时、定量，尤其是不能过晚。

主要参考文献

梁振华. 2018. 蛋鸭健康养殖技术. 武汉：湖北科学技术出版社.
柳贤德. 2018. 几种家禽常见病的诊断与防治. 北京：中国原子能出版社.
魏忠华，谷子林. 2013. 图说规模生态放养鸡关键技术. 北京：金盾出版社.
席克奇. 2018. 家禽养殖知识问答. 北京：中国农业出版社.
赵献芝. 2016. 图说如何安全高效饲养肉鸭. 北京：中国农业出版社.